老雜時代

看見台灣老雜貨店的人情、風土與物產

林欣誼——文字
曾國祥——攝影

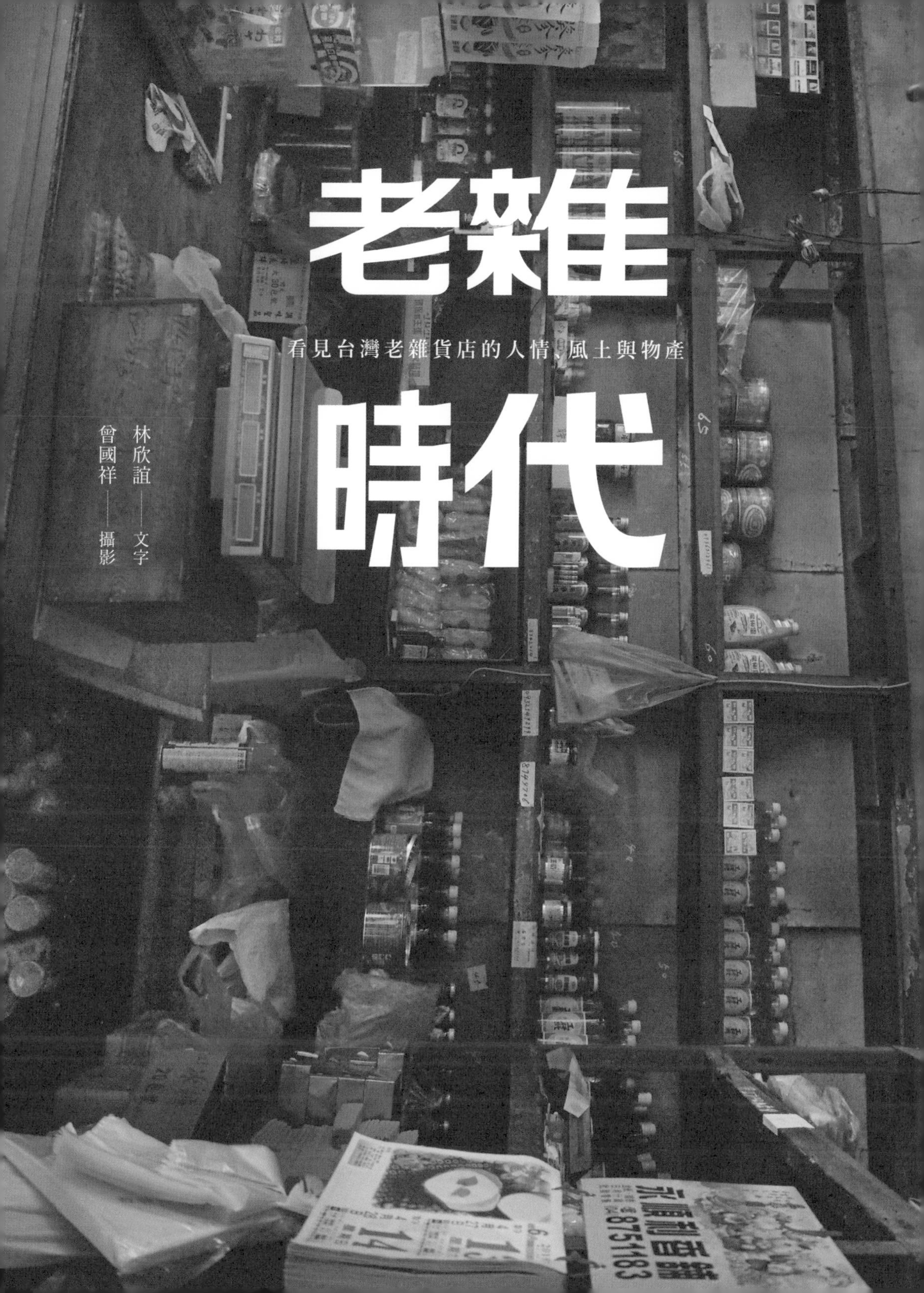

目次

輯六：拜訪北濱 新北・基隆

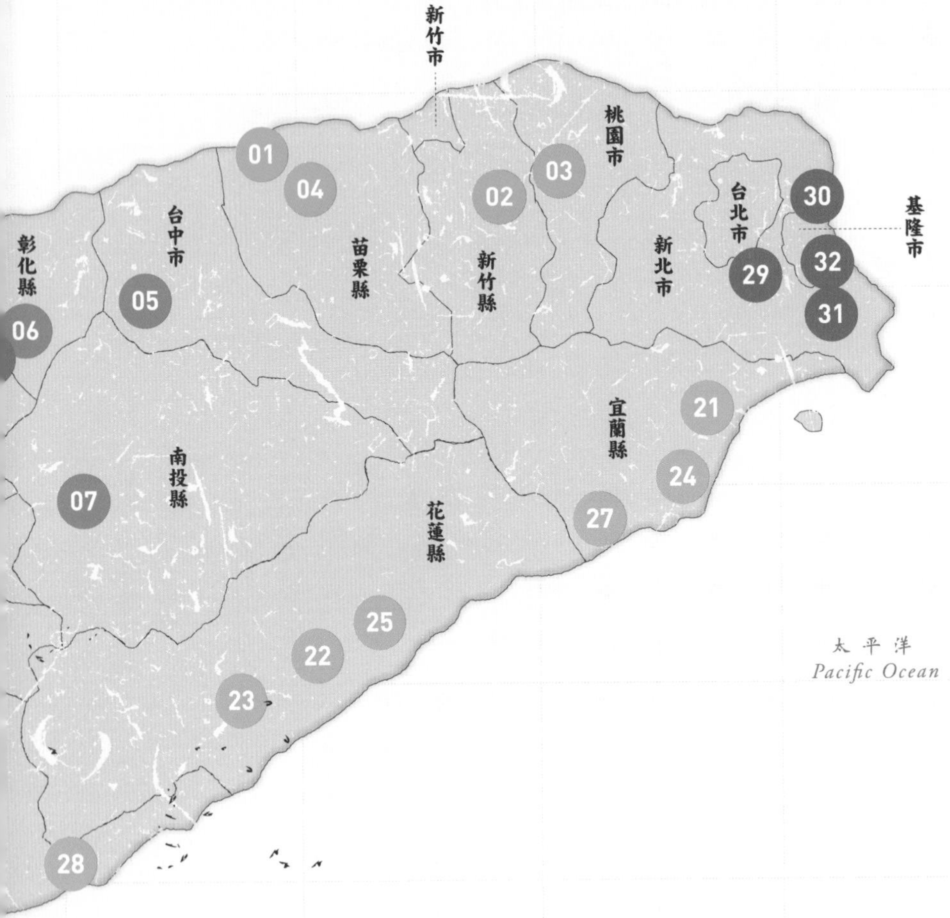

輯四

5 新北勢・坤協盛商店
6 保力・振益商店
7 中興村・酉山商店
8 紅柴坑・界順商店
9 神山・神山商店
0 玉環新村・玉環商店

輯五

21 利澤簡・利發商號
22 大榮・穗興商號
23 光復・人人商號
24 南方澳・興發商店
25 豐裡・宏興商號
26 卡拿崙・日新商店
27 澳花・伊凡商店
28 重安・廣雄商號

輯六

29 磨石坑・姚成商店
30 龜吼・興角商店
31 武丹坑・呂恆蕭號
32 碼頭新村・郭記商店

TAIWAN

老雜時代

店家分布圖

輯一

01 通霄・松盛商行
02 馬武督・榮興商店
03 三坑子・榮興商店
04 出礦坑・美和商店

輯二

05 大里杙・楊勝昌商店
06 普興庄・永興商店
07 久美・桃源商店

輯三

08 樹仔腳・合成商行
09 鹿麻產・福美商號
10 土庫・豐村行
11 大坪・隆榮商行
12 口埤・新發商號
13 西庄・明山商號
14 吉貝耍・誌成商店

T A I W A N

推薦序

百年庶民生活的浮世繪

……陳柔縉

近十年前，林欣誼以報社文化記者來採訪，報導刊出，我的第一個印象，文筆又快又好。之後我們就是好朋友了。她會和攝影師先生曾國祥一起去野外，蹲在小路邊，掀開小葉子找，一起想拍光光整座山的小蟲，所以，當兩年前，她告訴我，他們想一起去尋找全台僅存的老雜貨店，真讓人一點也不驚訝。出發點非常純粹，時代殘酷，超商、大賣場步步進逼、圍捕，一間一間雜貨店撤旗棄守，他們要搶留住曾經溫熱的老店身影。

他們出發了，第一次出動，我藉機兜風跟過一回，一起到新北的石碇。他們的行動溫柔，慢慢靠近，比較像緩緩融入受訪者的紀錄片導演，而不是拿著麥克風急著找人講幾句話的即時新聞記者。他們也沒有事前調查或預先鎖定什麼，就是開著車，往距離塵囂最遠的地方去找尋。

在石碇探訪過幾處，最後在磨石坑的一家深談進去了，他們就在那裡，像老客人一樣，坐了兩個多小時，屋後沐浴著燈泡黃光的小雛雞都去看過了。戰後初期，老老闆必須去石碇街上批米酒，再用扁擔挑，走六公里山路回磨石坑，一次挑四打，一天跑四趟。以雙腳為物流工具，勞動力的價值卻沒有加計進去，這種勤奮勇猛的老雜貨店經營，我當場驚呼連連，欣誼也寫進書中了。

還有更多我沒聽到，他們再訪的所得。像是日本時代末期，糧食配給，每戶能買的豬肉都有限額，磨石坑「配豬肉」的地方就在這間雜貨店前，排隊買肉的村民都拜託，「肥的給我」。非常生動點到了戰爭時期的配給制，以及肥豬肉今昔不同的地位。

離開石碇後，欣誼和國祥繼續環島追尋。我雖然沒有跟到路，但從書上跟，一樣沒覺得落隊，這就是他們厲害之處了。書稿讀畢，一個日語浮上來：「滿喫」，近乎中文「高度充分享受」的意思。本書圖文並茂，不只在記錄山巔海邊雜貨店的老而彌堅，更寫出一部戰後台灣鄉土史、庶民生活史了。

譬如雲林土庫的鄉土史。日本時代，隔壁的虎尾有了糖廠，虎尾興，土庫跌。但是，「油業最鼎盛時，全台的麻油、花生油價格，端看土庫當天的市價而定。」雜貨店有街上第一部電視，一九七〇年代，布袋戲紅遍天，一開機，鄰居全擠進來，老闆說，「還有人看到沒去上班」。主演《雲州大儒俠》的黃俊雄來自雲林，如今，「光土庫就有十多個布袋戲團」，四十幾年前的盛況可想而知。

花蓮鳳林有一個叫「抄貨」的舊時補貨法。花蓮市廠商的外務員先搭火車到各鄉鎮，在車站借腳踏車，騎去巡訪店家，將各店要補的貨寫在明信片寄回公司，公司把貨送到各車站，老闆們再自己騎車去車站拿貨。和今天網購二十四小時內送到家相比，追想過去的抄貨，對那些被層層運轉到手的商品，不由得生出一種工序繁複、慢活精工的細膩美感。

到了宜蘭的南方澳，在那裡聽說了「鯊魚」。幾十年前，當地有一種竹筏出海捕鯖、鰹的漁法，每艘竹筏只一人徒手拉魚線，人力與天搏，風一強吹，就被海吞沒了。雜貨店老闆娘說她常見碼頭躺著一整排苦命人。當地人或許不忍直說屍體，或許也是無奈，就稱之「鯊魚」。

在屏東車城的保力，生活情境與眾不同，老闆娘說，「村裡沒一棟建築是完整的」，因為三軍聯訓基地近在咫尺，沒停的砲聲嘣嘣嘣、軍機轟轟轟、打靶震震震，房屋牆上滿是裂痕。

好幾家雜貨店老闆都談到舊時偏鄉可以私宰豬。新竹關西老闆回憶說，「以前我們半夜起來殺豬，兒子還小，就把豬腸丟給他玩，人家問他長大要做什麼，他都大聲說：殺豬！」讀到這裡，我也跟著老闆大笑了。

這本《老雜時代》的每個單篇，都是如此生動豐富，攀著時間直線敘說鄉土史。幾十條直線，滿布了個人與政經社大事件的碰撞，再與全台四方地域的橫線交錯編織，便成了百年庶民生活的浮世繪。

生活史的書寫，一般依食衣住行育樂分項，安排好綱目，找資料、找專家，再約適合的受訪者，得到預期中的材料，寫入既有的框架。林欣誼則是隨緣遊訪，實地踩踏，透過雜貨店之窗，不斷發現、採集故事，累積心得，再回頭找資料輔佐，雕刻出一個沒有藍圖樣本的作品。如果前者是近似工廠規格化的生產，本書就是文學職人純手工了，筆到意到，渾然天成，視線循著滑順的刀痕游動，讓人感覺自然愉快。或許也可以後見之明說，本來就不必精心策畫，人人身上都背著歷史，用心俯拾，遍地都是好聽的故事，何況採聽人是功力純熟的資深記者。

台北歌廳興盛的時候，苗栗的乾冰廠也很旺。

一九七〇年代末期，剛結婚，就借錢買一張單程機票，飛去維也納當廚師。

從二戰戰場扛回的飛機頭，現在還當鍋子煮地瓜湯。

山東老闆十五歲加入游擊打共匪，危急時，他趕快躺下來，搬一個屍體蓋在身上。

……

故事像繁星，面貌如百花，相信讀者也會如我一樣，通過這本書，享受一股湧自內心的「台灣人生命是如此豐富多采」的讚嘆。

◎陳柔縉：台大法律系司法組畢業，曾任記者，後專事寫作。著有《台灣西方文明初體驗》、《宮前町九十番地》、《人人身上都是一個時代》、《舊日時光》、《一個木匠和他的台灣博覽會》與《大港的女兒》等書。曾獲《聯合報》讀書人十大好書、《中時》開卷十大好書、Openbook閱讀誌年度好書與金鼎獎等。

推薦序

探訪一個鄉野的各種可能

……劉克襄

每次朋友跟我提到雜貨店，最先浮現腦海的，總是雙溪柑腳城。

那是二十年前，有一回在雙溪車站遊蕩，不小心搭上一班當時還叫台灣汽車客運的藍色小巴，最後抵達陌生的終點小站。下了車，眼前一座兩百多年前的威惠廟。此廟背倚大山，俯望溪谷。但剛剛落腳，並未特別注意它的歷史淵源，反而被廟前道光年間的老石獅所吸引。從其銅鈴大眼斜望的角度看過去，一間低矮坐落的簳仔店擠在一排街屋裡。店面木門貼著嶄新喜紅的對聯，文意甚為深納。

此店雖小，裡面可堆了不少生活雜貨用品。煤礦停挖，人口嚴重外流，村裡也僅剩這間在做買賣，沒什麼吃的了。旁邊的柑林國小四十年前有八、九百人，現在不及三十，村子僅剩的老人亦不過百位，這簳仔店猶若在沙漠做生意，客人寥落可數。從那時到現在，看顧的都是一位背部微駝的阿婆。她幼時在菁桐坑出生長大，後來翻過火燒寮古道，嫁到這兒。這個出嫁，在不遠山區的正常移動，乃追尋當地古道的最好線索。對阿嬤在雙溪的生活，我自是產生莫名的好感。

前些時，阿嬤意欲關店，還好大家及時勸阻，加上「柑腳阿嬤森巴舞團」的意外誕生，帶動社區團結，這兒彷彿有了些觀光生氣。每次我從這兒帶隊入山，都會刻意大量採買，讓阿嬤還存有一種買賣的熱絡和榮光的價值。

最神奇的在左鎮，其舊商街的十字路口，竟坐落了三間雜貨店，顯見昔時此地的繁榮和熱鬧。十五年前，我準備搭興南客運離去，發現其中一間，往台南方向的，已有五、六位老人坐在店面的長椅等候，隱約也排成長龍。客運抵達時，他們逐一上車，各自拎著家當，但我意外瞧著，有人持著薄紙車票。我搭乘的經驗裡，如今客運多已不使用車票。此地為何還有讓我深感不解，因而特別留下來探詢。

我走進雜貨店，買了罐飲料，順勢跟田姓老闆打招呼。沒兩三下的聊天很快就提到，為何有紙車票出現。結果，他很驕傲地跟我說，這是他跟興南客運建議的。過往在此路線搭車，乘客習慣投幣搭車。如果路程係從A地到B地車票為四十九元，對搭乘者是很麻煩的數目。老人家絕不會投五十元硬幣，給客運公司多賺一元。有些人錙銖必較，除了四個十元，一定是配備九個一塊錢。但若每個人都如此，或者是帶不足零錢，往往會延誤客運來去的時間，尤其是在上下班巔峰時。

他看到客運常因此誤點，於是跟興南客運建議，是否有紙車票的設計，可以先在雜貨鋪賣出，方便老人家搭乘。司機也不會常為此，遇到收取零錢的困擾。日後此客運路線遂有兩大站在賣紙車票，其中之一便是這裡。田老闆的雜貨店也因此得利，許多老人都順勢在此買賣貨物，甚至寄放一些蔬果。這裡也成為小鎮的服務中心，醫療車巡迴到此，都會先來停靠，探詢附近老人的狀況。

若說最傳奇，當是這間已消失，我從未見過的，東和食品行。那是有一回寄宿池上換鵝山房，酒酣耳熱下，愛好揮灑毛筆的民宿主人鄭重取出，送我一本《東和一甲子》，裡面描述的便是此一醬菜店兼雜貨鋪的故事。

此一商號乃六十年前池上人食用早餐，勢必到訪的雜貨鋪，人人取個便當盒或碗缽，到此買醬菜。醬菜生意興隆，雜貨鋪自是池上人的共同記憶，也是早餐的印記。只可惜，時代丕變，各類新式早餐應運而生，醬菜生意沒落，後來悄然關店了。但池上人依舊緬懷，視為早年開拓小鎮的精神標的，遂有此一地方志的出版。

別地的地方鄉志匱乏不說，甭說還有此一形式的孤本。有此書的記念，我對池上的藝文素養愈加尊重，甚而相信，以前不少城鎮都該有這類賣醬菜的雜貨鋪，只是逐漸被淘汰，最後淪為僅剩生活物品供應的小鋪子。

我把這本薄書，特別放在抬頭即可看到的書架上，時時提醒自己有這麼美麗的一本小書。它不只是生活記憶的精彩店面，而是激發我們是否有朝一日，再把台灣的醬菜內涵找回來，一如日韓等亞洲國家，迄今仍擁有自己的醬菜文化，自己的米食早餐。

關於偏遠鄉鎮或巷弄的小雜貨店，總有很多這樣的「最」在裡面，形成台灣鄉鎮風物生活裡出奇的小小風景。像隻在地特有昆蟲，護守著自己的精緻和璀璨。這些「最」，我都好想去探訪和書寫，只可惜體力有限，熱情不足，終究不敵歲月而流產，僅能在此以個人的三回經驗跟大家分享。

如今看著欣誼與國祥耗時多年，默默完成此一工作，委實讓人羨慕又感振奮。他們的書寫與影像當然介紹了各地小雜貨店的人情溫暖，其實還搭建了諸多鄉鎮旅行的平台和視窗，提供讀者按圖索驥，依此去探訪一個鄉野的各種可能。

至少，我是這樣翻讀和思索，一邊謹記每間店面的位置，期待著下一回鄉鎮旅行時，有機會彎繞到那兒小坐。

劉克襄：文化大學新聞系畢業，曾任職媒體多年，現為中央社董事長，並持續兼事鄉野踏查與自然寫作。著有《風鳥皮諾查》、《11元的鐵道旅行》、《四分之三的香港》、《男人的菜市場》與《小站也有遠方》等書，主持「浩克慢遊」節目。曾獲時報文學獎、吳三連文學獎、開卷十大好書，台北國際書展大獎等。

新版作者序

人人心中都有一間雜貨店

……林欣誼
……曾國祥

身為六年級生的我們，童年裡少不了雜貨店的回憶——比如在淡水阿嬤家隔壁的籤仔店，吃著塑膠袋裝的綠豆冰；在台南大天后宮旁的店仔，鼓著腮幫子用力吹出太空泡泡；以及平鎮平安新村裡，爺爺熟識的那間雜貨店，有著一座繽紛的糖果櫃，大人總是閒坐門前，一句搭著一句聊天。

為了回味曾經聞過的氣味、見過的風景，二〇一五年春天，我們踏上了台灣老雜貨店尋訪之旅。

隨著車行過許多不知名的小路，我們的視野從都市穿越到鄉村，而佇立街角的雜貨店，則見證從古至今的在地變遷。從這些店主的口中，我們聽聞了各種島嶼身世——那是個人拚搏的成長史，家族的遷徙，甚至大時代的戰爭故事。

將近兩年內，我們的「老雜行動」總計出訪十多趟，足跡遍及全台，最北到萬里，最南至恆春，最密集曾一個月有一半時間不入家門，走過逾一百個鄉鎮，涵蓋閩南、客家、外省、原住民等族群，共訪得四十間雜貨店，最後於本書收錄三十二間。

＊＊

《老雜時代》於二〇一七年八月出版後，我們第一個念頭，就是趕緊把書送到雜貨店老闆的手上。畢竟，他們是書中的靈魂，沒有他們卸下心防的暢談，就不會有這本書。

於是，我們又出發了，巡迴全島把書親自送到這些店家（除了兩間因故未能成行，以郵寄送達）。在採訪時坐過的椅條上、土狗晃悠的部落裡，或依舊忙碌的市場旁，我們拿著書與老闆一一合照。當他們驚喜地翻開書，或戴起老花眼鏡細細讀了起來，那一刻，我們總是百感交集。從路途上的尋尋覓覓到成書的不易，瞬間湧上心頭，讓我們更想藉由這樣的定格，銘記這場相逢。

有時候，雜貨店老闆不在雜貨店裡，而是在萬里的龜吼市集裡叫賣螃蟹，在盛產花生的五結田地裡翻土，在龍潭的大平紅橋下，愜意地釣魚。這是我們送書到店裡撲了空才知道的事。我們藉此認識了老闆們的日常。有位老闆娘則硬把我們拉到對面小吃店，付了錢叫我們好好吃一頓。如此盛情，也是他們的平常。

送完書接下來幾個月，我們誠惶誠恐地等待他們的指正勘誤，結果，卻收到來自南投久美部落的一大箱葡萄，與遠自維也納包裝精美的巧克力。原來是這些老闆送來當地收成的農產，和出國探親帶回的伴手禮，讓那個冬天格外暖心。

承蒙遠流出版公司嚴績的編輯、盡心的行銷，這本書也收到讀者熱情的迴響。有讀者按圖索驥拜訪書中店家，傳來照片與我們分享；也有大陸自由行旅客、駐台的日本記者，因本書而激起對台灣鄉間雜貨店的好奇。

**

因為尋訪雜貨店，我們有幸成為遇見故事的人，但僅能用拍照與書寫，捕捉其中一二。因此，後來看見這些雜貨店躍上螢幕，或被以繪畫、模型等形式重現，更覺欣喜。比如通霄的松盛商行、馬武督的榮興商店、出礦坑的美和商店等，都曾受電視媒體採訪，在鏡頭前呈現生動的面貌。

此外，韓國插畫家李美京的《一枚銅板也很幸福的雜貨店時光》描繪各地雜貨店風景，二〇一八年推出中文版時，馬可孛羅出版社特邀她根據《老雜時代》繪製吉貝耍的誌成商店，收錄書中。她細緻刻畫了小店與門前的大樹，但唏噓的是，當我們將這幅珍貴的海報寄給店主麗花姨時，這棵庇蔭雜貨店的大樹，已因樹根橫生破壞屋內地板而被砍除，這幅畫也意外留下它的最後身影。

《老雜時代》甫出版時，曾與 MR. BOX 袖珍模型設計的黃風然合作，在書店同步展出他的袖珍雜貨店作品；二〇一九年，微縮藝術家鄭鴻展（Hank Cheng）則透過本書，到苗栗出礦坑的美和商店現場取景，製作出 1:35 的店家微縮模型，老舊的木門、門前的斜坡路、復古的招牌和摩托車，都在場景中重現，從平面幻化為立體，令人驚喜。

從前，雜貨店是生活，現在則成了回望過往的懷舊象徵。二〇一九年七月，阮光民的漫畫《用九柑仔店》改編電視劇掀起熱潮，描述年輕人返鄉接手阿公雜貨店，在復古中注入新意；同年九月「誠品生活日本橋」在日本東京開幕時，則以「台湾ロマン！人情味万屋」（万屋，即古早味雜貨店）為開幕策展主題，集合 MR. BOX 袖珍模型與多位插畫家、設計師的作品，並拍攝《老雜時代》多間店家的主題影片，呈現台灣在地風情。

《老雜時代》出版近五年，這本書已走得比我們想像得遠。

《老雜時代》初版與袖珍模型設計師黃風然的作品。

* *

五年來物換星移，很遺憾地，截至二〇二一年十月，共有六間店家歇業，我們已在新版中更新資訊。同時，也有後代經營得有聲有色，如通霄的松盛商行批發事業興盛，台東卡拿崙的日新商店店主兒子，近年回鄉在部落開了名為「雜貨店兒子」的民宿，以部落生態遊程為特色，成當地亮點。

大部分老闆健朗依然，比如久美部落的桃源商店，老闆娘除了開店之餘照顧放學後的小學生，還與先生一起受訓成為寄養家庭；高雄六龜的西山商店則說，疫情期間很多村民因停課、停工返鄉，店裡早晚都很熱鬧，生意反而好起來。

我們在電話中一一問候現況，而他們的每一聲「喂」，總是瞬間把我們拉回當年。想當年，我們走訪鄉間，除了備好相機和紙筆，還攜帶了一名幼兒同行。當時他連話都不太會說，尿布還沒戒，我們常得一邊在店內採訪，一邊壓制他想掃掉整排糖果罐的衝動，或在傳出尿味時，滿懷歉意地就地掩埋換下的尿布。唯一感到欣慰的是，在學甲遇見一個老闆悠悠說：「我本來要拒絕你們的，看到小孩跟著進來，才想說你們應該不是詐騙。」

也因為小兒有「放風」的需求，我們順遊了竹崎鹿麻產舊火車站，搭上恆春紅柴坑港邊的海底船、彰化溼地的採蚵車，在南澳粉鳥林看海玩沙，到太麻里多良車站追火車。還有一次小兒被雜貨店阿嬤請到屋內和她孫子一起玩，等我們跟老闆阿公聊完，他已經被餵飽一碗飯，還順手拎走兩台玩具車。

就是這些店外的一切，才有本書所延伸出的「人情、風土與物產」吧。

過程中，我們還在店裡挖到許多「寶藏」，比如清朝道光年間的地契、昭和時代的獎狀、國府時期的義胞新村房屋契約等等，在一趟趟豐饒的旅程中，逡巡於老店的往事，也跟著店家一起前進著。

因此，謹以本書獻給所有沒把我們當成詐騙集團，願意賞給小兒茶水和瓜果，告訴我們點點滴滴的，雜貨店老闆們。

＊＊

在本書推出新版前，二〇二一年十月中，我摯愛的好友柔縉因意外驟逝。我在悲慟中回憶與她相聚過的時刻，包括她在前序中提及的老雜出訪，與每一次天南地北的聊天。她待人溫煦，見事清透，不僅是寫作前輩，更時常為我的人生指點迷津。她謙稱訪老雜時「藉機兜風」，事實上，一向是她太寬厚，我有需要她都願意陪伴。我們慶幸擁有過她的文字，但她的形影，卻已消逝風中。只能恆久想念。

即使生命如星子微渺，她是我永遠仰望的，燦亮的星光。

——二〇二一年十月於台北

前言

鄉土老雜，人生百味

花生，再來一包
米酒，再來一杯
電視啊，汽車啊，城裡回來的少年啊
不必向我們展示遠方
豪華的傳聞

店仔頭的木板櫈上
盤膝開講，泥土般笨拙的我們
長長的一生，再怎麼走
也是店仔頭前面這幾條
短短的牛車路

——吳晟

鄉土詩人吳晟寫過名為〈店仔頭〉的詩和散文，緬懷古早鄉間的小店時光，他描述賣雜貨的「店仔」外總會擺上幾張椅條讓人閒坐，大家來去自如，尤其門前的大樹下，夏日中午總是聚滿休息的村民和奔跑的孩子，非常熱鬧，「這便是所說的店仔頭了。」

出身彰化溪州的三年級作家吳晟有這樣的鄉間記憶，在花蓮小村成長的作家陳雨航，也曾在〈小村雜貨店遺事〉文中追想，民國五十年代他們村內雜貨店有六家之多，有賣菸酒的生意最好、他爸最愛找兼賣豬肉的客家老闆聊天，那時雜貨店還擔負「融通」功能，讓人賒帳，而他同樣難忘「店仔頭開講」的場景。

而今，一村中有五、六間雜貨店的榮景早已不再，但店家稀疏了，這樣的畫面卻尚未遠去——小店、大樹、椅條和滿到店外的南北雜貨，仍是我們尋訪老雜時常見的景象。而順著這些代代相傳的店家往前追溯，我們就像走入長條店屋的更內裡，在幽暗中發現更多教人驚奇的舊物舊事，宛如掀開一罈陳年老甕，攪動起那些因時光的釀造而變得更加醇厚的多層滋味。

這就是我們一邊在田野訪談、一邊翻找史料紀錄時的感受。

往廟口、小學、派出所尋訪

然而，尋找理想中的老雜仍不是件簡單的任務，對象要歷史悠久、房子古老、老闆能言。綜合判斷下，市區商街雖理當是雜貨店開業的地方，也往往是老店所在，卻因道路拓寬、商家競爭等因素，店面已多次改建而失去古意。為了找到維持古厝外觀的店家，我們常循著縣道小路往不知名的村落開去，在農田或魚塭之間逡巡時，最常鎖定的目標便是廟口、小學和派出所。

廟口是早期移民聚居、發展商街的中心，例如大里福興宮、土庫順天宮前都是人來人往的老街，生存至今的雜貨店，要招呼的還多了來探舊的觀光客。而已沒落的龍潭三坑子老街、內埔豐田（新北勢庄）老街，和較鄉下的雙溪牡丹、福興粘厝開在廟口旁的雜貨店，則少了觀光客，多了幾分悠哉，也還依傍著上香人潮做地方生意。

01 老雜貨店是無數人心中永遠的記憶畫面。

小學旁的店家則明顯投孩童所好，零食、玩具是大宗，以前人口多，一所學生幾百人的小學可以「養」附近好幾間雜貨店，但這些店家也往往是鄉村人口外移、生育率下降後最先搬遷或歇業的。

派出所和老雜不一定常相依，但現在作風親民的警局倒常是我們問路尋店的對象，石碇的姚成商店就是我們剛闖進磨石坑、還搞不清楚東南西北時，首先找到豐田派出所後，偶然在旁發現的小店。一問之下，才知這間店和派出所竟都可追溯至日本時代，老闆還指給我們看派出所建築上的舊石材，而正在他店裡「交關」的，就是在隔壁執勤多年的退休警察好友。

山海產業與移動的各族群

這次我們帶著目的尋訪，避開旅遊書上的景點，卻意外貼近被談膩了的所謂「鄉土」，「雜貨店」則變得不只是目的，更是我們踏入每一地方的窗口。因為它在地夠久，對外人開放，除了店內商品呈現當地物產脈絡，店主回憶的童年、成長與遷徙，也漸漸勾織成一幅我們想像中的地圖，浸潤著故事裡的香氣、汗味與經年的潮溼，而變得柔軟易摺，可以輕輕收在口袋，隨時增添補述。

攤開這幅地圖，依據島嶼的東南西北中，以及靠山、臨海、農村、市街、部落、眷村的差異，我們所記述到的在地產業也大不同，傳統的茶業、礦業、菸業、漁業等都在老闆口中鮮活起來。比如石碇磨石坑的老闆世代種茶，對製茶的專精不亞於開店做生意；雙溪牡丹的老闆年輕時在瑞芳燒焦炭、侯硐挖煤礦，會爽朗聊起和外省礦工交遊的回憶。

嘉義曾為台灣四大菸區之一，我們在竹崎鹿麻產聽老闆生動描述菸樓烤菸時多麼溫暖，「母雞都會躲進去窩在熱管旁邊孵蛋」；大里鹹菜業民國五十年代鼎盛時，當地老闆說他家的粗鹽倉庫可屯三千公斤；公館出礦坑居然有台灣第一、全世界第二古老的油井，五十年前石油小村萬家燈火，繁華似「小香港」。

還有梅山大坪的店老闆和文學家張文環是親戚，他回溯家族自日本時代經營的造紙事業；萬里蓋起翡翠灣度假村前，居民還常在海邊拉沉重的魚網「牽罟」；四十年前在南方澳漁港擺攤賣麵包的老闆娘描述去「釣艚仔」的漁民多可憐，「浪一大，船就翻，碼頭常常躺一排鯊魚（意指屍體）。」

安家落戶的商店，背後則是移動的人。我們盡量遍訪閩南、客家、外省與原民族群，如鳳林大榮的店主父親於日本時代從桃園、金瓜石輾轉到東部後山，那時「東邊的地畫了就是你的」，墾地開店撐起一家生計；從嘉義嫁到台南東山的雜貨店媳婦嫁得不遠，卻從閩南文化進入全然不同、祭拜「阿立母」的西拉雅族部落；眷村雜貨店更有大江大海故事可說，新埤玉環新村的店老闆一家便是從大陳島撤退來的；和前總統阿扁家比鄰而居的官田老闆，少年時曾上台北找頭路騎三輪車，向剃頭店兜售燒水用的煉炭。

在「客廳即工廠」的中小企業發達前，雜貨店早就「家庭即商店」，小本生意家傳性格強烈，不是父子代代相傳便是媳婦接班，有時一進店裡，家庭氣氛就能窺知一二，如通霄六代老店裡，三十幾歲的大女兒、女婿分工俐落，老爸自是面露欣慰。夫妻共同打拚最普遍，許多店的繼承者是兒子，但經濟起飛年代，兒子出外工作有賺頭，媳婦才是顧店老人家最有力的左右手，訪談中還偶能聽見婆媳相處的內心話。

店史四十年內的則多由老闆娘創立，她們的丈夫多任糖廠員工、老師、軍人等軍公教職，嬰兒嗷嗷待哺出不了門，便在家開店增加收入。中途接手的中生代往往是掛念老母的兒女，「捨不得媽媽年紀大一個人啊。」包袱款款回老家，留著店，也是留一個老人家的心願。三代同堂堪稱圓滿了，梅山太平村在二十年前台灣推動「社區總體營造」時轉型，店老闆的兒子投身地方社區改造，老店兼成文史景點。

老，之所以存在的理由

雜貨店簡單來說是買賣，但買賣之外，都很不簡單，除了給人一個閒坐聊天的歇息地，還得擔當錢莊，讓人賒帳、借錢應急，「稻子收成時提穀子、豬殺了拿錢來還」的往事多位老闆都提過。

日本時代開店，財力人脈缺一不可。比起東部開拓性質，西部較早發展的聚落，則可遠溯自清代水運發達而興起，如大里杙、三坑子、利澤簡等，能做起生意的，也都是農業社會裡「較有才調（本事）」的。賺錢與否反倒是其次了，即使二十一世紀的現在，我們探訪的店家，不少都還「給人方便」，錢讓客人欠著，往小黑板或本子記帳就是。

我們自己也曾在新化口埤的雜貨店，目睹對面國小的老師課後陪十幾個孩子湧進店裡買零食。二〇一六年初總統大選當天，我們坐在公館出礦坑小店裡聊到一半，老闆丟句「我要去開票了」便邁出門外，原來擔任村長的他要趕去投票所坐鎮。還有恆春漁村的店老闆說著政治檯面上的誰和誰，選前必到他店裡拜會，那就是老闆兼任「地方頭人」的角色了。

老雜，可不只是「店仔頭開講」的念舊情懷而已，這是我們環島一圈後最大的感想。雖然這代人熟悉的連鎖便利商店、超市在一九八〇年代崛起，從城市漫往鄉間，雜貨店「兵敗如山倒」，我們甚至訪過一間老雜切出三分之二的店面租給便利商店，但老闆衡量收租划算，新舊雜貨店就這樣比鄰而居，毫無違和。

7—11、全家、萊爾富、OK、美廉社、農會超市，與近年打出「一村一全聯」口號的全聯超市等，都是我們在鄉間採訪時無法略過的招牌，反觀如今我們稱雜貨店常加上「老」或「傳統」字眼，賦予的文化意義大過商業。

然而，雜貨店老闆想的跟文青們不一樣。有人在此時局仍拚搏朝批發轉型，或因當地觀光興起而再現商機。也有不少老闆告訴我們：「年輕人喜歡去超商超市，老人家還是愛來跟我們買。」嶄新的開架式商店，對行動不便、反應慢的老人來說不一定方便，傳統雜貨店由老闆掌櫃取物，反而令老人家安心，就算不買東西，也當去熟人家坐坐喝茶，跟著電視伴唱帶一起K歌，消磨時光。

我們也訪過人口外流嚴重、支撐不了超商卻可讓老雜生存的小村，而原民部落幾乎清一色是雜貨店天下，族人老闆坦白說：「因為我們還給賒帳啊！」若是第二、三代回鄉接手的老闆，儘管慨嘆生意難做，但回鄉本意不在事業再起，而是回家本身就是目的。

因此，雖然此刻台灣雜貨店仍急速銳減，但屹立至今的店家，各有何以生存下來的故事可說。而那些沒有呈現在數據裡的林林總總，也正是本書所能誕生的理由了。

輯一 1

漫步丘陵

桃園・新竹・苗栗

通霄的松盛商行——立志要做「通霄最大間」

馬武督的榮興商店——郵差爸爸的老灶頭

三坑子的榮興商店——步廊街屋的家常閒話

出礦坑的美和商店——繁華油井小香港

雜貨考：從前從前有間雜貨店

01

市街

立志要做「通霄最大間」

通霄的松盛商行

店家地點　苗栗　通霄

創立時間　一八四〇年代

「二十歲的時候我心裡就想，我要做通霄最大間！」松盛商行第五代老闆李瑞峰個子不高，講話中氣十足，字字都很有分量。

傍晚時分，出門送貨的夥計們陸續回來，卸下貨箱的少年家聚在門外歇口氣，點貨的阿桑開始談笑，李老闆的大女兒和女婿收拾帳本，擠滿十多人的店裡鬧烘烘的，洋溢著下工前的歡欣氣氛。

松盛的門面簡單，僅鐵門上貼張紅紙寫著店名，還被通天宮關聖帝君的符令遮去一半。如此不起眼的店，實則歷經了五、六代的傳承，只見瑞峰叔從櫃裡捧出一大冊資料夾，翻開來竟是一頁頁清朝年間文件，上頭載明「李家店」的店界和相關契約。根據他所找到的最早文書紀錄，這間祖傳老店至少在清道光二十七年、西元一八四七年就已創立，推算店史超過一百七十年。

瑞峰叔說，他也是無意間發現這些泛黃的紙頁才開始尋根，挖掘家族歷史。清代通霄因水運而繁榮，南勢溪水深可以泊商船，提供銅鑼、三義、苗栗等地的貨物進出。他的祖先從廣東梅縣來，血脈是客

01 很早即立下經營豪願的老闆李瑞峰。

02 兼營批發生意的松盛，門前經常人車絡繹。

家人，但至今家族幾已不會講客語，做生意也多用閩南語「盤撋」（搏感情）。

家族事業曾遍及整條街

瑞峰叔站在門口比畫著說，一旁忠孝路就是碼頭邊最早發展的商街，後來隨溪水淤淺而沒落，店面所在的仁愛路則在日本時代蓬勃興起，但這排房子已是一九三五年台中大地震（關刀山大地震）後所建，長條型街屋前後兩面都臨馬路，「以前整條都是親戚，我們大家族很熱鬧，有做貨運的、製麵的、碾米的、開布莊的……。」阿公傳下來的雜貨店開枝散葉，隔條街外，還有一間他大伯店內夥計另起經營的商店。

如今路上仍可見幾棟日式洋樓，留著曾經是商行、診所的斑駁招牌，也有和他家一樣傳承多代的金香鋪、棉被行等老店，換上壓克力現代看板繼續營業。只是每到黃昏後，門外的人車便少了，騎樓下偶有老人和狗走動，當年的繁華已像那疊史料一樣僅供遙想。

瑞峰叔的父親接手掌店前，曾是日本時代展南拓植株式會社與竹南昭和公司合組的展南客運部司機，他描述受日本教育的爸爸很嚴厲，「但信用和誠實，是他留下來最好的財產。」兄弟排行最小的他，新竹高商畢業後，因大哥當兵、二哥讀大學，家中正缺人手，他便跟著爸爸在店裡做生意。

「我每天早上七點多起床，做到凌晨一、兩點，一天至少工作十六個小時，過年也沒休息，這樣持續了二十年。」他說起那段打拚歲月，不為抒發艱苦，反而雙眼發亮：「任何工作都會累，但有樂趣，精神就不一樣！」

硬頸挑起店內外大小事

戰後通霄東部丘陵一度香茅、樟腦產業興盛，但日後逐漸蕭條，反而西部濱海在一九六〇年代後陸續蓋起通霄火力發電廠、通霄精鹽廠、煉鋼廠等，人口密集。他們店家一公里外就是矗立海邊、巨大高聳的發電廠煙囪。松盛位處鎮中心，商業發達，自爸爸的年代起，店裡開始兼做小型批發，他到處送貨，也因此談上了戀愛，太太是當時生意往來的另一間商店的女兒。

瑞峰叔有點靦腆地憶當年：「她顧店，每天坐在掌櫃桌前，我就站在門外跟她聊天。」約會如果不在店裡，就去通霄戲院看電影；婚後夫妻倆分工，太太主店內，他主店外一間間拜訪客戶，全力拓展批發事業。

現在松盛共供應苗栗地區近五十間小型商店和加工餅行等，店內雜貨豐富多樣，一張張手寫紙條貼在架上，載明各式品項和價錢，從香菇、魷魚、核桃、柿餅等南北食材，到炮竹、金紙等日用品一應俱全，古老的木櫃繚繞著乾貨的陳香，隨著過往的回憶，讓人慢慢嗅出這間店的風味。

通霄鎮以農漁業為主，因應漁民和釣客的需求，店裡也賣過釣魚線、釣竿、魚鉤等釣具，「客人需要什麼，我們就盡量找到。」他說目前合作的廠商北至

03

03 店內陳設可隱約窺見一路以來的歲月軌跡。

新竹、南到彰化，光是雞蛋，他就跑遍各養雞場，挑選出多樣品種。

近年他逐漸交棒給三十歲出頭的大女兒，女兒女婿並坐店內，下班後一起回家，正如當年的他和太太；只是，太太來不及見到這一幕，十多年前即病逝了。

「那時我壓力很大，內外兼顧，開始學煮飯、照顧小孩。」瑞峰叔沒有刻意隱藏情緒，但與其說是哀傷，不如說是一種肩頭不能垮下的信念，撐住了這間店，「想念會想啦，但畢竟是男人，憂愁也沒有用，就是要面對現實。」

他回想當時藉著不停工作以忘記悲傷，才高中的大女兒則「長女如母」，分擔照顧弟妹的工作，成年後擔當爸爸的得力助手，她接班老店的新聞，前幾年還登上地方報紙。看著女兒在店內的身影，他的眼神柔和了，至於傳家的生意經，依然是上一代所教的「誠信」，「要說得到，做得到。」他重重地說。

做生意謹守誠信與人情義理

當家近四十年，瑞峰叔靠著天生敏銳和經驗的累積，練就了做生意的眼光，「我看這個貨會漲，噢，真的漲了，我的樂趣就在這裡。」他舉例二〇〇二年菸酒專賣結束、新《菸酒稅法》上路前，造成一波菸酒大漲價，以及魷魚曾在三年內從一斤一百漲到五百多元，他都事先抓準了，「靠的是跟廠商多問多聊，了解收成和市場的變化。」

然而開店面對的不只是貨物，更是人，地方上的生意不似商場廝殺，他在賺賠與人情之間溫和拿捏，「漲價前要先通知客戶，減少衝擊；漲後如果存貨夠，也要給客戶優待。反過來，答應客戶要出貨的，就算因為漲價不敷成本，也要把東西賣給人家。」他更常提醒年輕的女兒「不要跟客人爭」，「否則就算你有理，到頭來也是你輸，因為他們不會再

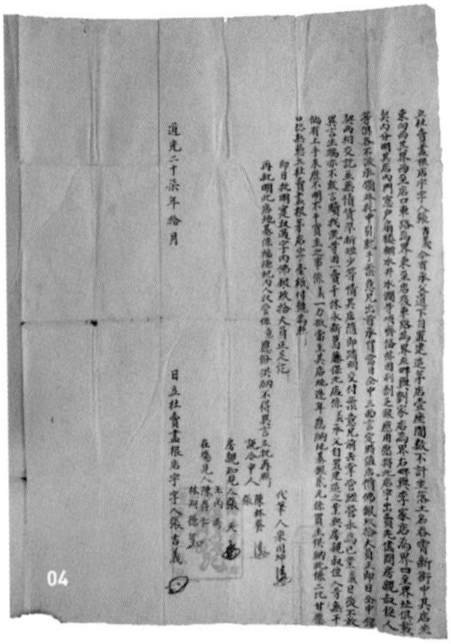

04 可追溯至清代道光二十七年的松盛地契文件。

05 瑞峰叔近年逐漸交班給下一代。後排右起：大女兒、女婿與小女兒。

來買了。」

年輕時發下豪語的他，果真做到了「通霄最大間」。但老店的情味沒失，好多客人都是從阿公阿嬤年代就來店裡買東西，一班夥計下工後自在談天說笑，也看得出這間店的融洽愉快。

原來簡單的「人情」兩字，不只是熟悉而已，也是老闆一套融通的道理。就像門楣上掛的關公像——驍勇的武神關公傳說因為善管帳，又重信義，成了商家信仰的守護神，瑞峰叔家世代以來相信的，也就是老店賴以立本的誠信吧。

天快黑盡，他退在一旁講古時，大女兒張羅店內外的聲音沒斷過，她嗓音宏大，吩咐俐落，頗有大姐氣勢；身材較嬌小的小女兒也在店裡幫忙，「等兒子畢業，應該也可以回

來接了。」他喃喃像是對著自己說。

彷彿所有的遠遊都是為了回家，全家人與這間店緊密相繫，倚賴的是情感，也是責任。站在承上啟下的位置，六十多歲的瑞峰叔站得挺挺的，在老雜貨店逐一熄燈的今日，松盛沒有被時代推入黃昏，反而翻個身，騰達躍起。

郵差爸爸的老灶頭

馬武督的榮興商店

店家地點 新竹 關西

創立時間 一九二〇年代

山間午後靜謐，穿著汗衫的老闆坐在門前的小學課桌椅看報紙，頭上牆柱嵌了一個綠色小郵筒。

「在這邊，一說郵差的店，大家就知道是我這間了。」一個小女生正好從坡路上跑下來，進店裡買了郵票，貼上，然後咚一聲，把信封投進郵筒裡。「人家都叫我郵差爸爸。」老闆笑了開懷。

◇◇◇◇◇◇◇◇◇

榮興商店位在桃園羅浮通往新竹馬武督的羅馬公路上，紅磚洋樓枕著釉綠的山谷、雨後的山嵐，在成排水泥樓房之間，格外醒目。公路這一端的馬武督為泰雅族與客家人混居，百年來，這山間曾經繚繞著原住民語、客語、日語、中文等不同語言，如今則皆在柴米油鹽的交會流通間，沒了界線。

此處地名有一說源自泰雅語「m'utu」（武督），意為人和物資匯集之處，日本時代改名馬武督。當地盛產煤礦和木材，但鄔家到此落腳，卻是因為黃金。

01 老闆鄔金中看盡市街興衰。

02 榮興紅磚洋樓位處曾經熱鬧一時的羅馬公路。

追隨淘金熱，促成繁榮街市

年近七十的「郵差爸爸」鄔金中在關西郵局上了三十年班，他說話帶著濃濃的客家口音，臉上總是堆著笑，因為送信、送貨，在鄰里間走透透。他細述這間祖傳老店原名「共榮商店」，將近百年前，當時擔任保正（類似今日里長）的曾祖父在龍潭三坑子開了店，日本時代末，祖父聽說馬武督有日本人埋藏的黃金，便舉家搬遷過來，還把孫輩的中間名取個「金」字，加上富愛國情操的「中、華、興、隆」，作為四兄弟的名字。戰後國民政府來台，因為店名「共」字和當時反共意識牴觸，才改名「榮興」。

戰後第三年，鄔金中出生於這棟紅磚樓房裡，木頭樓板都是祖父用當地杉木所蓋，店裡的櫃子歷史更久，「聽說是搬家時從三坑子走山路挑過來的，可能是檜木，到現在都沒被蟲蛀。」

然而馬武督一陣淘金熱，沒人挖到神祕的金子，倒是當地煤礦產業興盛，本地加上外地的礦工人口多，街市繁榮，他記得幼時這條路上有十多間商店，三、四家撞球間，祖父和父親時代除了賣日常雜貨，一樓隔壁間還殺豬，二樓兼營撞球生意。

「我們山上沒有菜市場，所以雜貨店什麼都賣。」早期家家自己種菜養雞，不必外求，店裡主要供應的鮮貨是一次批來二、三十斤的鹹魚，和輪流宰殺的豬，「都是今天你家殺一頭豬，你賣一部分，我賣一部分；明天換我殺，再一起分著賣。」他從小看爸爸殺豬，婚後太太也能拿屠刀，那時夫妻兩人合力就能「幹掉」一頭兩百五十斤大豬，他笑著當豐功偉業在說。

從店裡一扇小門往裡走，就是舊時殺豬的地方，昏暗中燈一扭開，磚砌的古老灶子、散放的木材唰地被打亮，凌亂的現場彷彿再現了當年煮水、殺豬、燙豬剃豬毛的熱鬧景象，「以前我們半夜起來殺豬，兒子還小，就把豬腸丟給他玩，人家問他長大要做什麼，他都大聲說：殺豬！」他又笑得合不攏嘴。

豬肉茶葉紅露酒，經營面向多元

一頭豬哪都不能浪費，最上等的是豬肝，鄔老闆極盡描述之能事說，「豬肝地位就像人蔘，辦桌第一道『五色盤』，中間最高級的那盤一定要有豬心和豬肝。」豬血撈起來放凝固，豆腐般一塊塊地賣；豬腸不用說，薑絲炒大腸是客家名菜；豬頭肉豬耳朵豬舌頭都好吃；連現在沒人要的豬肺，以前也是炒薑絲或鳳梨入菜。

還有，炸豬油剩的油渣，拌上裝在店裡木桶賣的味噌，「很棒的。」他忍不住嘖嘖嘖。至於上午沒賣完的豬肉，便自己醃起來，拌蒜頭跟醋吃。來買豬肉的原住民更豪氣，「常在攤子前拿起生肉，鹽巴抹一抹，一口吃下去！」

03 店內檜木老櫃與塑膠貨架並存、傳統雜貨與現代吃食比肩。

04 從磚砌灶頭猶可想見當年宰豬情景。

他惦算著大約民國五十、六十年代，「三層肉一斤十八塊錢，男人做工一天也十八塊錢。」這裡指的是伐木、扛木頭下山的工作；礦工一天工資則可多到一百多塊。下工後的礦工最愛來買酒，桶裝米酒一瓢瓢地賣，高級點的買瓶紅露酒，就著店裡準備的杯子，隨處找個位子便開喝，難怪他記憶中，店前從早到晚都是「熱鬧」二字。

馬武督除了礦藏，還有茶葉、柑橘、竹筍、地瓜等豐富物產，尤其鄔老闆少年時正值茶業鼎盛，每天早上種茶人家把剛採的茶菁從山上挑下來，賣到街上雜貨店，下午雜貨店再轉賣給製茶工廠，「整個馬武督的茶葉，十幾噸的大卡車一天跑三、四趟才載得完，全盛期關西有三十多間茶工廠，現在只剩三家左右了。」

礦坑也早已走入歷史，如今門前能見的「史跡」，只剩他腳下布滿青苔的小石塊。原來以前曾有一條運煤的輕便鐵路從馬武督通到關西，後來煤礦改用卡車載

運出來，小石塊即當年的「車擋」，「就怕運煤的卡車來來往往，失速衝進店裡。我小時候還坐過木板搭的台車（輕便車）進去礦坑賣清冰喔，五毛錢三支。」另一個賣冰地方是不遠處的泰雅部落，「小孩子光溜溜的什麼都沒穿，看到冰就圍過來。」那時他自然地學會泰雅族語，可惜現在都忘了，反而住對面的泰雅族人，上門還能講幾句客家話。

日作夜息，一店一世界

鄔老闆沒離開過家鄉，雜貨店柴米油鹽買賣的流轉，都濃縮在他大半輩子的見聞裡。比如米，他笑嘻嘻談起後來自家種稻少了，店家開始賣米，他讀關西初中時，奉祖父命每天下課後從關西的碾米廠順路扛米回家。「米用美援麵粉袋裝，初二時帶五十斤，初三更有力氣了，一天一百斤，從客運下車後雙手各提一袋，走回二十多公尺外的家。」至於美國發送的麵粉，媽媽都拿來拌玉米粉、糖，蒸成甜糕吃，是幼時美味的甜點。

勤奮成性的他，三十多歲時一邊顧店還一邊考進關西郵局。自家雜貨店也兼郵政代辦所，因此很長一段時間，他和太太天未亮便起床殺豬，清晨六點開始賣豬肉，之後他去郵局上班、太太送信送菜，送完回來繼續開店做生意，等他五點下班回家，再顧店到晚上九點。

如今店內商品仍很齊備，拼成L型的掌櫃桌被雞蛋箱和各式紙盒淹沒，大瓶

05 擺滿家畜家禽飼料的倉庫。

罐直接落地擺放，迎面的是現代流行的餅乾食品，靠內滿櫃的金紙與香支，則流露出鄉間生活氣味。

二〇一〇年他退休後，店裡仍是代辦所，他和太太依然每早輪流出門送信，「金山、錦山兩里的信，都我們包了。」另一樣讓他自豪的則是園藝，店門口的盆栽花朵不夠茂盛，他趕緊進屋翻出前些時日的相片：「你看，這些石斛蘭是我種的，開好大！」

開店、送信之外，夫妻倆還種水果、種菜、養雞，雖然他直喊「好忙好忙」，但高揚的語調裡滿是歡欣。傍晚時分，鄔老闆再度跨上門口的摩托車，白天用來送信的兩大郵袋空空的，這趟是要送米給客人，再見都還來不及說，噗噗噗的引擎聲，已迴繞在微涼的山路間。

05

01

市街

步廊街屋的家常閒話

三坑子的榮興商店

店家地點　桃園 龍潭

創立時間　一九四九年

2

「噠噠噠……」美軍戰鬥機掠過龍潭飛行場上空，機關槍往地面掃射，一個男子倒地。他的妻子和七個孩子正在家裡等待，男人卻再也沒有回來。家中十五歲的長子抹著眼淚接手了父親的碾米廠，三年後，又開了間雜貨店。

◇◇◇◇◇◇◇◇◇

榮興商店是老街廟前第一間店，泛黑的屋瓦襯著美麗的福州磚，豬肝紅的木拉門、散發沉香的老木櫃，以及基座貼著磁磚的菸酒櫥，裡裡外外都穩妥保存著開店六十年來的歷史。當年揮刀剁肉的砧板上放著刨冰機，是第二代的女兒為老店增加的營生。

午飯後，女兒顧店，她往門外探了探，找尋爸爸的身影，「他每天到處遛達，可能去打牌了。」話聲剛落，人稱「阿投伯」的劉老闆就從亭仔腳那頭晃悠悠走過來，他身高超過一米七，走路挺直，神態從容，兩撇像狂風一樣的白眉毛，更添威武。

「我阿爸年輕時很帥，客家話說『緣投』（英俊），大家都叫他『阿投伯』。」女兒笑盈盈地描述七十多歲的老父親，然而比起這棟清代老房子，阿投伯還算年紀輕的，他用大嗓門介紹：「這房子

01 劉老闆有著一對招牌白眉。

02 榮興「步廊式街屋」傳統建築形制歷歷可見。

從我祖先蓋好到現在，兩百多年囉。」

龍潭少年扛起一家生計

阿投伯家族來自廣東梅縣，清代時三坑子因大漢溪水運發達而形成客家聚落，以現今永福宮為中心發展出的商街，享有「龍潭第一街」稱號。日本時代水運被鐵、公路取代，桃園大圳又引走大漢溪河水，三坑子的碼頭地位不再，但大圳修築期間，大批工程人員來往，街上依然熙熙攘攘。阿投伯出生時，他爸爸已經在這條街上開了碾米廠。

阿投伯在日本時代讀完小學，終戰那年失去了父親。他倚躺在門前的藤椅上，重述無法忘懷的那一天：「我媽媽剛生產，我又生病，爸爸到龍潭拿藥回家的路上遇到空襲，街上不能走動，他拜託龍潭分駐所的人偷偷放行讓他抄小路趕回家，沒想到，就在飛行場旁被機關槍射死了。」

他印象中，那是戰時龍潭地區唯一、兩次空襲，幾個月後戰爭結束，他的命運已徹底轉向。身為長子的他小小年紀接下碾米廠，一肩撐起家計，「後來為了賺更多錢養一家子，阿婆（祖母）拿出本錢幫我，在住家一樓開了這間店，那一年我才十八歲。」

他回看當時的自己，「還是很小的孩子啊，就能獨當一面。」他埋頭幹活，自己騎單車到中壢、甚至台北補貨。又兼營豬肉攤，養豬、殺豬，門口那塊木

Moreno
Sugar
麥仔茶

東亞日光燈
東亞日光燈
酒品專區
飲酒過量‧害人害己
DARLIE
DARLIE
DARLIE
DARLIE
開關燈頭
南亞保鮮膜
NAN YA WRAP
南亞保鮮膜
NAN YA WRAP
100尺X60支裝
KIRKLAND
UNSALTED MIXED NUTS

03

03 豬肉砧、菸酒櫥、鑲玻璃貨架都透露了老店的年歲。

04 具族群地域特色的客家桔醬是必備商品。

砧板上刀痕歷歷，彷彿能感受到他辛苦撐起一個家的力氣。

已經中年的女兒談起爸爸仍佩服崇拜，「我爸什麼都會喔。」例如抓鱔魚，她小時候也會幫忙，先用灶裡生完火的灰燼悶死蚯蚓，丟到竹簍裡當餌，晚上放到田埂邊，天亮再收回來，抓到的鱔魚拿去中壢賣。還有「毛鉤釣溪哥」的絕活，「別人坐著釣，我爸是在溪裡邊走邊釣，現在他一個人還能釣得比我三個堂兄弟多。」阿投伯笑說沒什麼，他小時候到河壩旁徒手抓魚，「一天可以抓幾十斤啊。」

閩客族群的在地融合

農業時代開店得給人賒帳，「都是等稻米收割了、豬養肥了、茶葉收成了，大家才直接捧著米或牽著豬來抵帳。」除了過年，生意最好時便是永福宮一年三次的盛大廟會，阿投伯興致高昂地說：「農曆二月開漳聖王聖誕賽神豬、七月中元節、八月謝平安，這裡都擠滿人喔！」戲台上演的歌仔戲雖唱閩南語，他也聽得入迷。

永福宮最早由客家祖先供奉家鄉神祇三山國王，後來改主祀三官大帝，又增奉閩南信奉的開漳聖王，顯示當地閩客族群的融洽。一百多年歷史的老廟幾經重建，他回憶以前大家晚飯後就聚到廟埕聊天，他的店前也常坐滿十幾人開

04

05 接棒的女兒對阿投伯滿是崇拜佩服。

講，他自年輕就愛交遊，「常跟人一聊聊到半夜一、兩點。」正說著，一個阿伯腳趿拖鞋騎車來買菸，安全帽沒脫，站在亭仔腳下就和阿投伯你一言我一語，半小時過了話還沒個收尾。

阿投伯和太太一起打拚，一晃眼養大了六個女兒，三坑子也從繁華走向沉寂。戰後因石門水庫興建，三坑子被列為保護區禁建，幾十年來，它被遠遠拋在都市開發的前進步伐後，沒有蓋起任何水泥高樓，卻因而封存了一整條街的舊日建築。老街上保留許多和榮興商店一樣、清代的「步廊式街屋」，一道牆左右兩屋共用，成排店屋家家相連，店前延伸出簷下的步廊（即亭仔腳），開在二樓的窗戶，以前還能吊下籃子收錢交貨做買賣。

一甲子的公道買賣與交情

近年三坑子規畫自行車道和生態公園，週末漸有觀光人潮，老街上開起小吃

06 榮興就位在三坑老街永福宮前第一間。

店和咖啡館，但平日店家多關門過著尋常日子。這天，赤炎炎的日頭曬得老屋的紅磚泛光，街坊間小孩噴水槍消暑，大人在旁笑吃冰棒，廟口的水泥戲台安在，油綠稻禾隨風搖曳，一派田園閒情。

現在三女兒和五女兒接班雜貨店，阿投伯總告訴她們：「我們做買賣要公公道道，不貪，不求。」真要說，他最得意的不是生意做多大，而是有次來進貨的廠商少算了錢，女兒老老實實還回去，「事後他們跟我說，阿投伯，你的家庭教得很好。」

少年時扛下命運的重擔，阿投伯穩當地把家業傳承到今天，他安享晚年考慮收店，反而女兒捨不得，老街上還沒有便利商店，鄰居也勸他留下「給人方便」。如今除了兩女兒顧店，週末時太太還在隔壁賣豆花和刨冰，已出嫁的四個女兒每週末輪兩個回來幫忙，分頭備料、端碗、收錢。走過一甲子的老店，在全家人忙進忙出的身影中，仍顯得一切如新，與當前的時代同聲息。

01

山

繁華油井 小香港

出礦坑的美和商店

店家地點 苗栗 公館

創立時間 一九七八年

一九九六年苗栗公館的北寮油井油氣外洩噴火，伴隨著轟然巨響猛烈燃燒，隔著一條後龍溪，村長開的雜貨店玻璃震個不停。「這火燒得好旺，燒了整整一年，每天晚上天都亮亮的。」村長回憶起這段，炯炯的眼神宛如映照著火光。

◇◇◇◇◇◇◇◇◇

台灣石油的發祥地，也是全世界第二個開採、現今還在生產的最古老油井，就在苗栗公館的開礦村。當了三十年村長的陳先生，對石油開採的歷史倒背如流，他從兩百年前村民在後龍溪岸發現石油講起，一八六一年清代通事邱苟首度手掘油井，起初僅用來點燈，後來朝廷收歸官辦，還請了兩個美國技師來開採；日本人來了以後成立台灣石油會社，戰後由中國石油公司接管。

開礦村的舊稱「出礦坑」（也稱出磺坑）便因石油而得名，也因石油而繁榮。日本時代這裡油井林立，依丘陵而建的各式道路管線、辦公空間、住屋和小學等設施完備。戰後油田原已枯竭，但後來又鑽探出大量天然氣，一九五〇年代出生的村長描述，「我小時候這裡滿滿是人，夜裡山坡上燈火燦

01 美和就開在出礦坑礦區一隅。

02 老闆陳先生身兼村長三十年。

爛，大家都稱『小香港』。」

油井產的天然氣供居民使用，他印象中「苗栗還在燒煤球時，我們家裡就有瓦斯了。」村裡除了許多高高的油井塔架，還有加工處理油氣的二氧化碳脫除廠，長長的煙囪直聳天際，「二氧化碳可做乾冰，台北歌廳興盛的時候，連帶苗栗的乾冰廠也很興旺。」

家族從種香茅到鑽油井

人口密集的村庄娛樂也多，以往他最期待空地架起布幕放電影，大家曾在夜空下一起投入武俠片的廝殺，或笑倒在《王哥柳哥遊台灣》的橋段中。廟會時野台客家戲開演，「我還要幫阿公搬籐椅去占位！」

村長說，不過他阿公阿婆（祖父祖母）落腳這裡不是為了石油，而是趕上香茅產業的黃金年代，從龍潭老家到這裡種香茅。當時農戶多在自己搭建的香茅寮裡用傳統蒸餾法煉油，空氣中滿是撲鼻的嗆香，民國四十年起台灣香茅油產量躍居世界第一，其中八成產自苗栗，因價格高而有「液體黃金」之稱，甚至可當成期貨買賣，依油價浮動炒作致富的大有人在。

但當年阿公阿婆是受雇在田裡做工的，沒機會發財，父親則十多歲進入中油，從打雜做起，後來擔任鑽井工。他印象中爸爸每次出差便半個月或二十天，到新竹寶山、苗栗通霄各地探勘油井，相當辛苦，「一個公務員的薪水養不活全家，動不動就マイナス（財務赤字）。」因此二期稻作收割完到隔年春耕前的八、九十天空檔，媽媽便借人家的田地種蘿蔔、芥菜貼補家用，他至今難忘媽媽醃菜脯、客家福菜和「打蘿蔔粄」（做蘿蔔糕）的滋味，「比外面賣的還好吃！」

賣檳榔賺得比中油員工多

家中勤儉度日，直到他當兵時嗅到時代的商機，「我喔，本來想玩股票啦。」村長細說他退伍後，帶著十萬塊上台北買了人生第一張股票，後來他每天大清早出門搭火車上台北，直奔證券行緊盯盤勢、跟著熱烈人聲嘶喊買進賣出，近午股市收盤再搭車回家。但一陣子下來還沒什麼輸贏，就遇上開店機緣。

那是民國六十七年，他常在從小光顧的雜貨店閒坐，老闆正想頂讓，便慫恿他試試，「沒想到一試，就一輩子。」他靠爸爸標會的二十幾萬元頂下店裡的存貨，不久股市開始狂飆，但他把錢投在店裡、標好幾個會，「靠標會的利息周轉，錢來來去去，很活的！」六年後這間小店就賺到一百萬，「真的講你們不會相信，」他不疾不徐地說，「我一天賣檳榔賺的錢，比中油員工一天薪水還多。」

村長常以「真的講」、「坦白講」開頭，描述那台灣錢淹腳目的浮華年代，比如把店頂讓給他的老闆看準輕工業起飛，跑去桃園的廠區賣水果，「那邊廣豐紡織廠、RCA（美國無線電公司）工廠幾百上千個員工，他每天削水果削

03 店裡日用雜貨多為在地供應。

到手軟喔。」

賺到人生第一桶金後，他本想再回股市玩一把，但又因偶然的機會，轉而在公館市區買地皮，「我早上十點多出門，下午兩點就簽約付訂金了。」他在那塊地蓋起四層樓房當住家，直到現在都還住在那裡。

憑著開店、買地這樣的果斷豪氣，他也選上村長。村長是地方上選舉、各方人事調停的要角，地位舉足輕重，但做村長的道理就跟當老闆一樣，「不能跟人家爭，算帳算錯一定是我們的錯。」他鼓起圓圓的臉頰笑，「要圓融啦。」

鄉下人做生意道地，將本求利

以前他和太太每天大清早開店、半夜十二點關門，「沒有年終獎金，但一年

04 「綁酒」是經營雜貨店的基本功。

要做七百二十天，好處是雨天不用出門。」空閒時他就打打四色牌，說起來悠哉，但開店基本功沒少練，他回想當年頂下店面的第一件事，「就是學綁酒。」說著他轉身從屋裡找出一捆紅色塑膠繩當場示範，只見一條繩子在他手裡靈活地繞啊繞，一打十二瓶、或半打六瓶的啤酒玻璃矸仔，便紮實牢靠地繫緊了，一提就走，舊時的方便於今看來已近乎是技藝了。

村長的店雖小但貨色成千上百，早期少有全國性大廠，雜貨多由在地供應，比如醬油進的是苗栗的「丸光」，金紙來自鄰近的竹南金紙廠，玻璃罐裝的糖果、李仔鹹琳琅滿目，此外，店裡也曾賣成藥，胃散、撒隆巴斯最熱銷，還有上山穿的工作鞋、衣服用的拉鍊鈕扣等，簡直是百貨行了。現在商品雖不如以往齊全，但老人家愛用的南僑水晶肥皂、火柴、彌月紅蛋和拜拜牲禮點紅用的食用色素等，必不可少。

「鄉下人做生意道道地地，將本求利，所以從前不管雜貨店、米店、布店都開得長久，很少倒掉。」在他眼裡似乎沒什麼難事，然而經濟起飛後，大家有了錢便往苗栗、公館市區買房，出礦坑人煙散盡，至二〇一七年統計，全村人口僅存三百多人。儘管現在油井仍產天然氣，也只能從古老的抽油機具、纜車軌道、幾棟日式舊舍和台灣油礦陳列館等，遙想昔日「小香港」的繁華了。

雜貨店老屋從上一手至今未改建，他猶記得兩、三歲時，店旁有一間日本時

05 從開礦村可眺望後龍溪與高架橋。

06 翻出老帳本，布滿了用花碼註記的買賣明細。

05

06

代留下來的女子公共浴室，「我跟阿婆、媽媽來洗澡，每次都要在店裡買一瓶黑松汽水喝。」現在他依然每天拉開咿呀作響的木門，在矮矮的屋子裡顧店、看電視，來買東西的不如來送東西的人多，剛從田裡採完菜的村民開著小發財經過，喊他：「這菜給你！」門前欄杆曬著幾條瘦乾的鹹菜，也是鄰居送的。

出礦坑近年蓋了一座供人拍片的小片場，搭景打造一九五〇年代的懷舊老街，然而村長口中搬演的故事，比那條戲劇街景更教人覺得迷離。站在當年公共浴室所在的空地上，村長遠眺高架道路的車流，和橋下的後龍溪峽谷，沒有吹噓，沒有慨嘆，他只是老神在在地想著：「等一下騎摩托車轉去，毋知敢會落雨啊？」（等一下騎摩托車回家，不知會不會下雨啊？）

01 雜貨考

從前從前有間雜貨店

在追尋雜貨店的身世之前，我們先從一個意想不到的小知識開始。全台三百多個鄉鎮中，有一處地名和雜貨店息息相關，而這得溯至清代末年，台灣東北部

01

02

有個聚落因基隆河水運而發達，渡口旁開了間商店名叫「瑞芳」，成為人們前往九份山區採金、往返噶瑪蘭（今宜蘭）中途補給休息之所。久而久之，往來者常直稱當地為「瑞芳」，此即瑞芳地名的由來。

◇從挑擔叫賣到簳仔開店

瑞芳店名響亮到升格成地名，也突顯了「雜貨店」的角色。雜貨店是供應一般人所需的最基本單位，也是庶民生活具體而微的呈現，有人的地方就有交易，交易形式從以物換物到金錢買賣，也從行走市街的流動小販，到蓋房開店。

清末兩岸往來頻繁，台灣逐漸形成的貨品販售系統，由上到下游大致是經營兩岸進出口的貿易團體「行郊」，將商品批給「武市」批發商，再轉售給零售商「文市」、「販仔」，以及肩擔雜貨到街庄兜售的「出擔」。此外還有遊走部落山區與原住民交易的

「番割」，以漢人的米、鹽交換族人的獸皮、藥材等。

當時行郊中便有專營日用雜貨的「雜貨郊」、「籤郊」，商業發達的港口市街也出現了雜貨店鋪。但「喊玲瓏，賣雜細」的小販仍未消失，從早期挑擔，到後來用手推車或腳踏車載著玻璃木箱，沿街叫賣日用品與女性用的胭脂水粉等。

03

不過嚴格說來，賣雜細的較接近販售衣帽鞋襪、藥妝家用品的「百貨行」原型，雜貨店則以日用食品為主，另一個大家更熟悉的名字是閩南語「籤仔店」，源於早期店家用「籤仔」這種竹片編成的圓筐來盛裝蝦米、鹹魚或麵線、豆簽、豆豉等南北雜貨。

以菸酒和柴米油鹽為主力，雜貨店所賣的東西可說包羅萬象，依老闆的本事，分往生鮮食品、五金材料、生活日用等面向延伸。農業時代店家還常兼賣牛索、牛鈴、鋤頭、農藥、肥料，甚至養豬的輔助飼料歐羅肥等，公館出礦坑美和商店便有上山用的工作鞋「たび」（足袋，一種分趾的工作鞋）；信義久美部落桃源商店為便利務農的村民，現仍賣雨鞋、繩索、鐮子等農具。而拜拜用的金香，自昔至今都不可或缺。

04

戰前有些日本人開的店則打著「和洋雜貨」、進口食品與日用品的招牌，但多限於上流階層消費；也有服務公務人員的，兼賣官方所需的文書用具與報刊雜誌。

隨著時代大輪的轉動，食品加工等民生產業興起，雜貨店的貨色漸從手工製造與小規模機器生產，邁向

05

06

品牌化的國貨年代。一九五〇年代後，大眾熟知的如味全、味王、統一，與日本時代便經營餅店的義美等食品公司陸續成立，罐頭食品、調味料與零食普及，黑松沙士、乖乖、生力麵、王子麵接連上市，南僑水晶肥皂、白蘭洗衣粉進入大街小巷的家庭裡，而近三十年前台灣鄉間鋪天蓋地種起檳榔時，雜貨店老闆坐鎮門口邊包檳榔的畫面也隨處可見。

◇殺豬、碾米、送信兼業多樣

儘管如今雜貨店多和超市、超商比鄰而居，但其不可取代之處，除了人情味，還有店裡賣的老滋味。例如開在土庫順天宮對面商街上的豐村行，或大里市場尾的楊勝昌商店，賣的多是從市場延伸而來的麵條麵線、豆支豆簽、蝦米香菇等地方食材。五結利澤簡的利發商號端午節前更擺出粽葉來賣，蘇澳南方澳的興發商店則有漁工用來洗去魚腥黏液的明礬粉……，這些商品即使超市有賣，也不如雜貨店老闆教人怎麼煮怎麼用，順口聊聊產地的氣候和風土來得親切。

此外，地點也影響店內商品的走向，例如山區或荒村小店，早年因交通不便物資缺乏，得大清早先到附近市場批來鹹魚、青菜水果販售。不少店家自己養豬、在店前設攤賣豬肉，這在客家人經營的店尤其常見，老闆娘自灌的香腸與醃豬肉，則是獨家副產品。

鳳林大榮的穗興商號上一代老闆便同時經營碾米廠、養了一百多頭豬，早期豬肝最貴，竹崎鹿麻產福美商號的老闆津津樂道曾有客人為了搶珍貴的豬肝，在他家攤子前大打出手。關西馬武督的榮興商店老闆早年自己殺過豬，掏豬腸、燙豬毛等工序講得鉅細靡遺，店內也還保留當年殺豬的灶房。

雜貨店清早開門夜半關門，時間長，但經營彈

性也大，因此「兼業」普遍。若非家大業大，能兼營米絞仔（碾米廠）、油車間（榨油廠）、肉砧（豬肉攤）、食堂等「民生相關事業」，也要一人多工，爭取收入。

比如我們遇過內埔的客家老闆能憑好手藝賣醃漬鳳梨、菜脯、鹹鴨蛋，南方澳的老闆娘用當地盛產的飛虎（鬼頭刀）自製魚丸。龍潭三坑子的第二代女兒和母親在店旁合開刨冰店，萬里海邊的老闆娘早年下海採石花、曬石花，恆春港口旁老闆水裡來水裡去，潛水抓魚才是本業，部落雜貨店則多同時務農，自產自銷。

更普遍的是雜貨店兼郵政代辦所，省了街坊鄰居跑郵局的路程，且不受郵局上下班時間限制，早期農村裡識字率不高，店老闆還幫村人讀信、寫信。「店家就是你家」的親切方便，尤其在電視、電話普及前感受更深，有老闆津津樂道當年店裡率先裝電視，《雲州大儒俠》布袋戲開演時全村都擠到店裡看戲；牽一支電話上萬塊的年代，裝得起的店家是村人借電話的所在。再晚近店前普設公共電話，兼賣火車票、客運車票都是常見服務。

◇往日輝煌封存在洋樓古蹟間

經濟起飛的年代過後，一九七九年統一超商成立，一九七五年軍公教福利中心、一九八九年第一間量販店萬客隆開

09

店，再再進逼雜貨店的生存空間。

其實在統一超商創立前兩年，台北市政府便曾和農復會、青輔會合力開辦「青年商店」，一九七七年六月第一間店在杭州南路一段開幕，店內有冷氣、冷凍櫃，商品公開標價，刷新消費者眼界，極盛時擴增到七十八間，五年後被味全公司所併。統一超商則在開幕七年後轉虧為盈，站穩腳步至今。

所賣物品介於超商、超市之間的雜貨店，同時受到超市夾擊，甚至同一時間，用小貨車巡邏鄉間的「菜車」，除了生鮮，更加賣零食、罐頭、毛巾牙膏等日用品，也搶攻村庄老雜的市場。

如今所見的雜貨店，多以小而復古的姿態存在，然而走過台灣鄉鎮老街，卻能從許多人去樓空的商店古蹟，一窺往日風華。雜貨店建築躍升為重要史蹟，則以台東成廣澳的「廣恆發」為代表。成廣澳為今台東成功小港舊名，坐擁海灣地形，為漢人拓墾東海岸的重要聚落，屏東內埔客家溫姓商人一九一六年在此創立廣恆發商號，將物資從西部運到後山，經營米、鹽等日用品批發販售，成為花東海岸最大批發商行，有「東部第一商號」之稱。

當年以石材建造的巴洛克三拱式牌樓與亭仔腳店屋，氣派豪華，現雖僅存部分殘壁孤立海邊，仍被視為後山開發的重要見證，登錄為歷史建築，

和周遭的漁港、媽祖廟同列為「成廣澳文化地景」。

坐落於大稻埕的「莊協發」商號則是台北市第一間被指定為古蹟的雜貨店，並在經營者後代、文史專家莊永明的推動下，化身為舉辦文史講座的場館「莊協發港町文史講亭」，延續店仔頭閒坐聚會的懷舊氣氛。

這座建於一九二〇年代末的紅磚兩層樓店屋，雖在富商雲集、洋樓林立的大稻埕堪稱樸素，但保留加高的騎樓、原有的陽台、天井、竹節式落水管，甚至開店時的古老櫥櫃等，更完整封存了雜貨店在上個世紀的經營樣貌。

01

雜貨考｜圖錄

⓪① ⓪② ⓪⑦ 早期雜貨店外觀
⓪③ 簸仔
⓪④ 足袋
⓪⑤ 採茶簍
⓪⑥ 斗笠
⓪⑧ 雜貨店內商品多元豐富
⓪⑨ 菜車
⑩ 廣恆發殘壁

輯二 2

深入島心

台中・彰化・南投

大里杙的楊勝昌商店——家家踩鹹菜的歲月

普興庄的永興商店——坤山伯的曲藝人生

久美的桃源商店——布農與鄒的合音

雜貨考：巷口熟悉的菸酒牌

市街

家家踩鹹菜的歲月

大里杙的楊勝昌商店

店家地點　台中 大里

創立時間　一八八〇年代

以前收成的季節，農家一天要煮五頓飯，用竹籃挑到田裡的「割稻仔飯」裝著一層飯一層菜一層湯，「點心煮麵抑是米苔目，暗頓一定有魚有肉，足腥臊……」（點心煮麵或是米苔目，晚餐一定有魚有肉，很豐盛……）楊老闆講到這裡，彷彿熱騰騰的香氣都快冒出來了，那時因為人多煮食多，雜貨店生意好做，「無像後來機械化，買一罐飲料、兩包菸就去田裡矣。」

雖然不如幾代前鼎盛，這間大里老街上的雜貨店，客人依然絡繹不絕，人稱「楊仔」的楊老闆年近七十，體魄仍好，「我欲來去送米啊！」他把一袋三十多公斤的米甩上肩，三歲小孫子跟著蹬上摩托車，祖孫倆像郊遊一樣出發了。

清末「一府二鹿三艋舺」名聲響亮，其實後頭還接著「四竹塹、五諸羅、六大里杙」，舊名「大里杙」的大里是當時台中最富庶的地區；「杙」指綁船的木樁，當年滿載貨物的舟筏，從鹿港進入烏溪（俗稱大肚溪）後，再沿著河寬一公里的大里溪駛進大里。大里因水運之便，在碼頭和福興宮之間形

01 楊勝昌商店接引廟前的早市人潮做生意。

02 老當益壯的楊老闆猶能輕易扛起米袋。

成一條街市，清代曾有詩句「大里杙頭不見天」形容當地商家雲集、人聲喧天的盛況，楊仔的阿祖也在這條街租下店面，接引市場的人潮做生意。

後來陸路發達，大里地位逐漸沒落，但楊仔少年時還看過竹筏航行河面上的景象，直到一九五九年八七水災後，原本在大里國中旁的大里溪改道，河的記憶就遠了。

直到今日，福興宮前的早市依然熱鬧滾滾，街坊阿伯大嬸一路從菜市場逛到楊仔店裡，買把鹽、提罐米酒，流連亭仔腳跟楊太太話個家常，才道別離去。

經歷鹹菜的產銷鼎盛期

楊仔回溯，日本時代阿公接手後，小店安上自己名字「楊長發」，附近五個庄只有他們一家店，因此生意愈做愈大，店裡請了十幾個夥計，還進口昂貴的日本龜甲萬醬油、森永牛奶糖，以及日本清酒、紅酒等。戰末實施糧食配給，那時糖珍貴如黃金，有人要用一甲地跟阿公換一包糖，他笑嘆：「若是有換，這馬就發財矣。」（如果換了，現在就發財了。）但在地方上做出名聲的阿公，卻因忙得沒日沒夜，三十九歲就胃出血過世了。

到了爸爸當家，時逢一九五〇、六〇年代大里鹹菜的鼎盛期，醃漬鹹菜的粗鹽用量大，當時鹽的產銷仍由政府管制，像他家一樣有「鹽牌」的店家生意大好；來自台南鹽場的粗鹽裝進麻布袋，一卡車一卡車地運進台中議長經營的鹽

03 古早紅磚與木格窗櫺洩露了店家的年歲。

03

總經銷處，店家領鹽得憑「鹽單」，他記得家裡承租的倉庫，光是鹽便可存放三千公斤，可見銷量驚人。

他生動描繪少年時見過家家戶戶做鹹菜的盛況，農家在年尾稻子收割後種下芥菜，過年前收成，曬完一天放進大杉木桶裡醃漬，一層菜一層鹽，整個人踏進桶子用力踩，再用大石頭壓蓋，三個月後開封。後來農村工業化，這景象只留在大里「鹹菜巷」的彩繪裡，台灣也已不再曬鹽，現在他店裡賣的粗鹽都是澳洲進口了。

在這棟百年老屋出生的

楊仔，不論從哪個話頭，都能說出一段關於雜貨典故與當地風土的故事，而翻開屬於他自己的記憶，最難忘的莫過於早年常跟著爸爸到台中第一市場補貨，父子各騎一台「雙管腳踏車」（車體有兩根橫桿，堅固適合載重）出發，辦好貨後有些自己載、有些請人用「犁仔卡」（リヤカー，兩輪拖車）運回來。

每次黃昏出門，回到家已近午夜，他笑說有次他居然騎到睡著，眼睛都瞇起來了腳還繼續踩。更狼狽的是，用箱子套上布袋載回來的雞蛋，常在石頭路上震破一堆，這辛勞真非今日批發商卡車直抵店門口可以比擬。

工廠女工帶來生意新高峰

然而爸爸晚年時，因為一大筆十行紙記的欠款收不回來，加上身體不好，錢都投進醫院，同時便利商店興起，店業大受衝擊。最低潮時，家裡去算命改店名為「楊勝昌」，

04 林林總總的生活物品供應街坊顧客日常所需。

05 掌櫃木桌上挖洞，方便直接投錢。

有「日日見財」之意，老招牌的紅漆現已微微褪色，但當年家裡還真轉了運——在爸爸過世前後的一九八〇年代，大里附近農地蓋起一間間製鞋、做五金零件的小工廠，成群女工下班後來採買油鹽好煮晚餐，又帶起店裡生意的高峰。

那時楊仔一邊在藥廠工作，每早得先送幾趟貨再趕到公司，「我九點打卡以前，店裡差不多就賺一千啊！」

其實回台中上班兼顧店之前，他長年在彰化、嘉義各地藥廠打拚，曾以獨門配方調出幾支大暢銷的藥酒，在外期間，家裡雜貨店全靠太太撐持，街坊鄰居最認得的，也是楊太太那眼尾彎彎的笑容。

但回首往事，楊太太停下手中正在餵孫的湯匙，皺眉說當時一個人顧店又帶六個孩子，「實在顧袂來（顧不來）。」直到有天被正值叛逆的大女兒氣到，她半夜急電在外地的楊仔放狠話：「囡仔變歹我毋管啊！」（孩子變壞我不管了！）楊仔趕緊包袱款款連夜坐野雞車回家。

後來他在台中另覓新職，雖然薪水砍半，但如今他臉上堆滿慈祥笑容說：「錢賺較少無要緊，家庭愛顧啊。」

一磚一櫃盡顯百年風華

兩年前退休後，楊仔陪老伴專心顧店、顧孫；坐在門口籐椅上，吹著穿過亭仔腳的風，他像是一員大將告老還鄉，從商場回到最熟悉的鄰里，做著小買賣。他不時起身招呼客人，笑稱：「佇公司是眾人聽咱的，這馬是咱聽眾人的。」（在公司是大家聽我們的，現在是我們聽大家的。）

楊勝昌商店曾經發達富貴，卻始終有著與鄰里相依的日常氣味。紅磚外牆的老店還保留古早木格子窗，舊檜木櫃上掛著昭和年間的「酒類賣上增進」褒狀；店面走到底一扇門推進去，則是堆滿了孫兒玩具的客廳和臥房，幾代人的生活都能在裡面找到痕跡。

06 店外福興宮前的大里老街早市。

楊仔指著左鄰右舍說，如果不是九二一震倒好幾間藥房、米店等老厝，老街的樣子會更完整，從清代的福州磚、日本時代的木材榫接、戰後到現代的水泥樓房，百年的建築風貌都在其中。

消費習慣隨時代改變了，但他小本生意老實做，還依循爸爸當年的「一打賺兩罐」——他舉例如一箱成打的罐頭進貨價五百，店內便一罐賣五十元，賣完剛好賺兩罐的錢。他一邊感嘆不知店還能開多久，但每逢過年，他和太太還是不眠不休地親手做發粿來賣，自嘲兒女看他們這麼累，「驚甲毋敢接。」（嚇到不敢接。）

然而，彷彿是天性，不用雙手做些東西，沒吃老店做的粿過年，心裡就是有些不對勁，楊仔沒想改變的，或許就是如古早割稻飯般，那種傳統勞力與人情所帶來的豐足感吧。

01

農村

坤山伯的曲藝人生

普興庄的永興商店

店家地點　彰化 田中

創立時間　一九五〇年代（二〇一六年歇業）

「人就是愛受刺激，才會成功。」回想起當初開店的困難，坤山伯從桌子後緩緩起身，點了根菸，在煙霧中說著他有多麼不服輸。但一聊到南管，他就輕鬆笑了：「若講著八音，彰化和南投的人，無人毋知影我坤山仔。」（如果講到八音，彰化和南投的人，沒人不知道我坤山仔）。

田中被譽為台灣米倉，八卦山腳下的復興里舊名普興庄，現在仍有大片農田與樹林，紅磚矮厝點綴其中。五月鳳梨盛產，沿路不時可見叫賣「山腳鳳梨」的小發財，酸甜的氣味隨著炎熱的風吹向鼻間。

坤山伯的店開在路口，轉角通往當地人稱為「文武廟」的贊天宮，也是他和曲館老友聚會拉琴的地方。店內的木桌、木櫃經年使用成了深褐色，午後陽光西曬，打亮了門前的椅條和水泥地，暗影裡的架上整齊排列飲料和食品，另懸掛幾把大廣弦、殼仔弦（大、小胡琴）和南噯（嗩吶），立即就把人的視線從椰子水和冰糖白木耳罐頭間，引了過去。

這些陪伴他大半輩子的南管樂器年歲悠久，但絲

01 掛在貨架上的南管樂器傳達了主人的技藝與生命。

02 一生過得曲折且有聲有色的坤山伯。

毫不沾灰塵，他興致來時就在店門口拉上一段，偶爾也哼上一曲，渾厚的嗓音直通街上。

南管曲藝名號名聞遐邇

「我的名按怎寫？」（我的名字怎麼寫？）他拉開抽屜，拿出粉筆，大咧咧地在木桌上寫下「陳坤山」三字，些微霧濛的眼珠，閃現光芒。彰化的曲館數量、規模都是中部地區之冠，他說少年時跟社頭來的師傅學南管高甲戲（又稱九甲戲）唱小旦、學家私（樂器），他加入的當地曲館「錦興珠」興盛時，還曾上棚演出（在戲院做戲），非常風光。後來他們的團改做八音、出大鼓陣，他跟著跑遍了彰投各地的迎神廟會和婚喪喜慶，近年常有南管文化研究者來向他請教失傳的曲譜，「坤山仔」的名號遠比永興商店響亮。

相較於唱曲生涯，這間店則源自他人生另一段起伏。坤山伯出生於日本時代，小學在戰時挖防空壕、躲空襲中度過，戰後原本留在家鄉種田，但二十多歲一場怪病，讓他雙腳皮膚病變再也無法下田，走投無路之際他決定開一間商店，開始四處籌錢。

等他把房子蓋起來，進了貨，村裡另一間雜貨店竟到處放話：「坤山仔的店欲倒啊，借錢予他的人緊去討轉來！」（坤山的店要倒了，借錢給他的人快去討回來！）為了阻撓他營業，對方又花了當時一筆大錢六千元，透過省議員、

03 永興開在通往贊天宮的路口。

公賣局配銷所主任施壓，不要發給他菸酒牌，他到處找人疏通，才順利開成。

「彼間店本錢較粗，物件賣較俗，欲共我拚倒。」（那間店資本雄厚，東西比較便宜，要把我鬥倒。）坤山伯平靜地說，但他還是堅持開下去，村裡人都很幫忙，只是欠錢欠到「半暝睏袂去」（半夜睡不著），他又左思右想，決定靠當「中人」（仲介）多賺錢。隨和的他，沒照當時的固定行情抽佣，而是讓人隨意包紅包，結果反而生意大好，後來讓他還清債務的不是雜貨店，而是他的土地仲介業務。本來只是暫時安身的商店，也因厝邊隔壁買熟了有感情，一直經營下來。

最後一根菸抽完了，故事好像還能說下去，店外的日頭隱去前，太太在家裡煮完飯過來接手，「我欲轉去食飯啊。」（我要回去吃飯了。）話還沒收尾，坤山伯便突然一腳跨出店門，往對

04 經久的木桌與木櫃更顯渾厚氣息。

面住家走去，桌上的菸頭餘燼猶溫。

返鄉孫子也懷念老店情調

坤山伯抽菸的容貌猶在眼前，沒想到一年多前，平靜的日子又遭逢意外，他走在村庄的路上被車重重一撞，休養至今仍未能回到店裡，精神遠不如前。他最疼愛的孫子阿程在台北上班，休假日回老家，望著對面阿公熟悉的雜貨店鐵門拉下，滿是感觸。

他回憶小時候每天一放學就直奔阿公的店，邊聽阿公講古，邊把糖果一顆接一顆往嘴裡塞，「他常回憶年輕時在金門當兵，遇到八二三砲戰開打，他聽到第一聲巨響，本以為大陸那邊在放砲，結果幾秒後這邊的房子就被炸掉。」祖孫倆的關係比父子還親密，有些內心話坤山伯只跟孫子說，比如當時他當買菜兵，每天上市場，「阿公告訴我，他很懷念一個菜攤的女生。」

大約二十年前阿程離家讀高中時，全普興庄還有三間雜貨店，各有主顧倒也不競爭，他幼時最愛去玩具多的那間，坤山伯的店則以菸酒、飲料、油鹽等為主，「早年阿公還每天清晨四點，騎著打檔車去田中市場批菜回來賣。」隨著他這一代離鄉、下一代生育少，雜貨店生意明顯下滑，阿程說長大後他也很習慣7－11，「老實說，新的便利商店對我衝擊沒那麼大，客群本來就不同，但如果要老雜貨店效法那樣的陳列和經營，親切的味道也沒了。」

永順利香舖
8751183

洽洽
葵珍
葵瓜子
飛壘口香糖
Juicy Fruit
時輪
大30包裝
調味聖品
65

05 在地路邊標語教人莞爾。

畢竟在這裡，上門的客人不求新求快，只想聽老闆喊一句：「來坐，欲愛啥？」（來坐，要什麼？）然後坐下來聊聊天氣、收成和兒孫事，而如果車禍沒有發生，黃昏的此刻坤山伯肯定還像往常一樣，坐在門前拉著胡琴，嗚咽的琴聲穿透田園與道路，從昔至今，遠近皆知。

01

部落

布農與鄒的合音

久美的桃源商店

店家地點　南投 信義

創立時間　一九八〇年代

雜貨店老闆娘U Ku（娪姑）坐在店外木桌椅，剛喝完一碗鄰居煮的熱騰騰薑母鴨。幾個小孩買了零食，跑到街上追逐幾圈，又湊回U ku身邊笑鬧，往嘴裡塞一口她醃的洛神花。

或許是部落裡自在的氣氛吧，U Ku原本和擔任警察的先生住在埔里，五年前她辭去埔里醫院工作，搬回先生的部落老家照顧婆婆，「三年前婆婆過世，但我已經喜歡上久美，不想回去上班了。」她講得好像自己逃了學，瞇起眼睛笑得調皮。而婆婆留下的雜貨店，則成了她在這裡的歸宿。

冬日，路旁的幾株梅花開了，星星點點襯托著遠山，但天氣未到嚴寒，眼前的三歲娃兒還光著腳丫和大孩子一起跑進店裡，U Ku緊跟在旁叮嚀：「你不能喝冰的喔，你也不能喝茶，只能吃這個……。」最後她把找的零錢點齊、合上孩子的手掌，「錢拿好還給媽媽。」

看孩子們下了門口階梯，她才回到門外座位，掛起一盞用回收塑膠杯拼成的大圓燈，滿意道：「這是部落老人家上社區課程做的，晚上開燈，很漂亮

01 近年才接手經營的老闆娘U Ku。

02 門前繁茂的九重葛成為地標。

03 種類繁多的商品皆擺置得整齊有序。

喔。」她一笑，柔和了兩道濃眉顯露的英氣。

玉山腳下的世外桃源

乍看這彷彿是〈桃花源記〉中雞犬相聞、老小安樂的情景，只是夾道的桃花林改成白梅。殊不知，這個玉山腳下的世外桃源，過去也未倖免於歷史大浪的席捲，這裡的阡陌交通都是日本政府強力建造的，那時當局為了「理蕃」，把中央山脈一帶激烈抗日的布農族人，遷到久美這個鄒族的傳統領地，至今兩族仍混居，不過鄒族人口較少，和另一支居住在阿里山的族人因行政區域畫分而隔絕，逐漸被布農族同化。

03

久美部落入口寫著大大的「鄒與布農」，上面繪製的布農播種祭、打耳祭等，祭典多已失傳，然而布農族傳統的八部合音，現則由學童組成的「台灣原聲童聲合唱團」傳承並揚名於外，一手打造這個合唱團的團長，便是出身久美、現於隔壁羅娜部落擔任羅娜國小校長的馬彼得。

U Ku 一派家常地說：「外面看他是名人，很特別，但我們看他很自然，大家都是一起長大的，一起上教堂一起玩。」說話此時，馬彼得就在轉角的麵攤吃麵。

致力發揚部落音樂的馬校長，在麵桌旁便隨興開講起布農史，他說家族大約日本時代末從山上被迫遷來久美，「沒田沒家當，三餐都靠鄒族照顧。」當時戰事吃緊，美軍不時空襲附近的發電廠，地上常有炸彈殼，「鄒族人會拿著金屬片敲炸彈殼，鏘鏘鏘，通知我們布農族吃飯了，後來派出所通報事情也這樣敲。」

起初兩族用日語溝通，住的是就地取材用稻草、米糠和泥土蓋的房子，屋頂鋪上茅草或石板，族人被迫放棄狩獵，在日本統治下改學種水田、堆肥和發酵。

好山好水間的好人情

得利於信義鄉的好土好水，直到現在久美族人仍多務農，青壯人口很少外流，甚至吸引愈來愈多漢人也荷鋤來落戶，尤其牛番茄、彩椒等高山蔬果價錢好，農作收入穩定，部落裡多的是蓋得漂亮的透天厝。

馬彼得舉著筷子邊聊，忽然郵差的綠色摩托車停到跟前，「校長，包裹！」卸下一個大紙箱，又噗噗噗騎走了。郵差怎麼知道校長在這裡吃麵？「看他不在家，旁邊人指一下，就找到他了啊。」

U ku 笑說到了傍晚，誰家的孩子還沒出現在飯桌前，便會聽到路邊有人大喊：「某某，還不趕快給我回——家！」就像她認得每一家的孩子，儘管她常板起臉叨念，孩子們放學後還是愛去找她；遇到老人家，她則用流利的布農語招呼，因為她自己出身高雄桃源區高中部落，媽媽也是布農族，爸爸是原屬鄒族、近年才正名的拉阿魯哇族（Hla'alua）。

「我家也開雜貨店，我們部落一樣是布農、拉阿魯哇兩族混居，我和先生在教會聯誼認識，嫁來久美發現跟我家部落氣氛好像，這就是緣分吧。」她說公婆也是布農和鄒族的結合，早年公公在公所上班，婆婆在家做起生意，是久美第一間原住民開的雜貨店，為了方便部落裡做農的人，店裡也賣鐮刀、繩子、斗笠、手套與防水膠鞋等。

決心撤掉菸酒與檳榔

「以前每到假日，我們和先生的兄弟姊妹家都會回來團聚，婆婆過世後，我們決定繼續開店，就是想讓大家逢年過節回來時，這裡還有人在。」延續著家的感覺，

04 桃源是部落裡唯一由族人開立的雜貨店。

05 原民生活隨興自在，族人就在馬路邊開煮。

05

U Ku和先生為這間鐵皮矮房換新門面，用木欄杆搭配石頭牆，打造成簡雅的現代部落風。新穎的店面裡，她又進了衣服、鞋帽、保養品等女性商品，婆媽們像過去一樣喜歡上門泡茶聊天，一個大叔提了紙箱來，朝她喊：「等一下幫我寄宅急便！」人就放心地走了。

唯一不同的是，以前有一大面婆婆用粉筆記帳的牆，還了錢就擦掉，幾度因為賒帳多到周轉不來而倒店，關關又開開，現在牆拆了，但她照樣賒帳、借錢給人，「每個人都有沒錢的時候啊，而且部落沒有提款機，臨時缺錢沒得領。」唯獨酒醉的她不借，「因為他們會

06 附近孩子都喜歡來找 U Ku（右二）笑鬧玩耍。

忘記。」她甚至也決心把雜貨店最賴以生存的菸酒、檳榔都撤了，「教會勸人少喝點少抽點嘛，我不希望族人一直喝酒。」星期天她便關門上教堂去。

從城市回到部落生活，她和孩子婦人都融洽打成一片，「每個地方都有自己的生活模式，既然不能改變，就適應它啊。」她輕鬆地說，就像漢人、原住民族群間一定有文化差異，只能承認並接受彼此不同。

心中了然，眼前什麼都安頓了。時逢冬天農閒，部落裡人多熱鬧，U ku 說誰家煮了雞呀鴨呀一定擺到門口，柴火從大白天燒煮到晚上，「大家聞到味道自己過去吃，」她指指鄰居那鍋還在冒煙的薑母鴨，「我要再去盛一碗，你們呢？」

02 雜貨考

巷口熟悉的菸酒牌

在尋找老雜的旅程中，那塊小小的菸酒牌，就是我們迷途時的明燈。

每每在陌生的鄉間，幾經茫然落空的尋尋覓覓，眼前忽現一面白底紅字的熟悉掛牌，那簡直宛如黑夜裡熠熠發光的星芒，令人頓生希望。

許多時候，若不是這塊牌子，我們根本無從發現那些連店名都無、外表跟民宅沒兩樣的雜貨店。雖然不會真的發亮，但這面公賣局發給菸酒零售商的鐵牌，想必在很多人心中也是個散發溫暖微光的標誌，是舊時代雜貨店最鮮明的象徵。

◇菸酒牌就是神主牌

「菸酒牌」的歷史，得從專賣制度談起。專賣，簡而言之是國家獨占經營特定商品的生產、採購和銷售。早在清代，台灣的樟腦、食鹽、鴉片、硫磺與煤等便被列為專賣，日本時代政府為增加財政收入而建立有系統的專賣制度，一九〇一年成立台灣總督府專賣局，合併管理鴉片、樟腦、食鹽三大專賣事業，一九〇五年又增加菸草、一九二二年增加酒類專賣（其中啤酒至一九三三年才納入），後再續增火柴、度量衡、石油等項目。

01

戰後國民政府接收之初，總督府專賣局改為台灣省專賣局，近代史上震撼的「二二八事件」便因專賣局人員查緝私菸而起。一九四七年起再改制為台灣省菸酒公賣局，專賣改稱「公賣」，僅保留菸、酒、樟腦三項專賣（樟腦專賣改隸省府建設廳，後於一九六八年廢止），並把「煙」改為「菸」字。

02

在菸酒專賣的配銷網絡中，雜貨店就是深入民間的銷售第一線。零售商取得公賣局的販賣許可後，會領到一面懸掛鐵牌，即俗稱的「菸酒牌」，早期為圓形，後改為方形，商店可以沒有店招，但可不能少了這面牌。

有些歷史更久遠的店家，則還保有日本時代寫著「煙草」、「酒」、「塩」字眼的琺瑯掛牌，與「煙草、酒類小賣所」的長方條牌。此源於當時專賣局下設置「賣捌人」（即批發或經銷商）、「小賣人」（即零售商），人選由專賣局指定，且與專賣局往來需現金交易，因此能取得資格的「賣捌所」和「小賣所」，都是具相當財力和信用的商店代表，其中的台灣人莫不是地方士紳，有某種特權象徵。

03

比如關西馬武督榮興商店的第一代老闆，在日本時代便擔任「保正」（類似今里長，負責地方治安）；大里楊勝昌商店的老闆也描述開店的阿公「日本時代就加入商會，在當地很有名望，修廟、捐錢都很踴躍。」日治末期皇民化運動時，酒類零售商的條件還加上能使用日語，各鄉里雜貨店堪稱日語推行的先鋒。

戰後，菸酒零售商不再有特權色彩而更加普及，不只一位老闆說過店內「菸酒最好賣」，且有固定利潤（公賣局給付給零售商的佣金經多次更動，一九六六年起固定8％），所以菸酒牌宛如雜貨店開店立基的「神主牌」，店內商品百百種獨不能缺菸酒。田中普興庄永興商店的老闆說，他剛開店時，附近競爭的店家還施壓省議員不要發給他菸酒牌，等於掐死他生意的開端。

菸酒牌的發放也影響一個地方雜貨

店的疏密，日本時代對零售商的設置距離、多少人口內得有一家都有嚴格規定，戰後也制定類似的管理辦法，且店家須經營一段時間、被公賣局評定具一定設備和銷售能力後，才能申請到菸酒牌。不過相關限制到一九八八年放寬，只要申請不需審核便可販售，店家相鄰比拚的現象便成常態了。

◇敬菸請總統，雙喜辦喜事

日治初期，在菸被收歸專賣前，台灣曾有各式日本、美國進口香菸，這種小盒裝的捲菸逐漸取代原本民間慣抽的菸絲。專賣後菸市場重新洗牌，據陳柔縉《廣告表示》一書所述，一九三〇年代台灣本地生產的「RED」、日本進口的「敷島」最受歡迎，有款婦人菸草「麗」專攻舞廳和酒樓的時髦女性，「曙」價格便宜銷量好，比「曙」貴一倍的「白鷺」則屬高檔菸，前輩小說家葉石濤有文為證：「白鷺在日本時代是最高級的。」

04

日本時代的專賣事業經營有成，營收最高占整體財政收入四成，專賣局傾力針對經銷、零售商舉辦各種銷售課程、業績競賽、店面裝飾比賽等。戰後延續這體制，雜貨店和公賣局展開深厚綿密的關係，公賣局透過配銷單位把菸酒商品推向村里，店家到區內配銷處（前身為零售商組織的配銷會、配銷所）登記「領」菸酒，若贏得公賣局舉辦的「菸酒陳列比賽」更是風光，雲林土庫豐村行趙老闆便津津樂道當年他的店得到特等獎，獲獎的那面檜木酒櫥，至今依然排列得整齊漂亮。

05

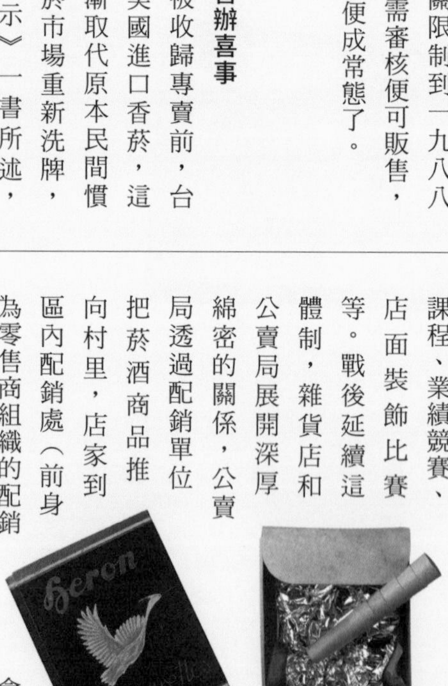

不似當今的禁菸風氣，以前香菸

是社交文化的一環，「敬菸」表示以禮相待，平時三五好友翹腳抽菸，吞雲吐霧談興更盛。在一九八七年開放進口洋菸洋酒（此時尚不含烈酒）前，

據許多老闆回憶，公賣局的香蕉、新樂園、朝日、康樂、吉祥、寶島等包裝捲菸，和芙蓉、保林菸絲都是最受歡迎的品牌。其中香蕉菸在戰後初期市占率高達八成多，高檔香菸代表則首推公賣局第一款硬殼包裝的總統牌，雙喜牌因菸支上紅線細圈的鋼印樣式喜氣，為辦喜事必備。

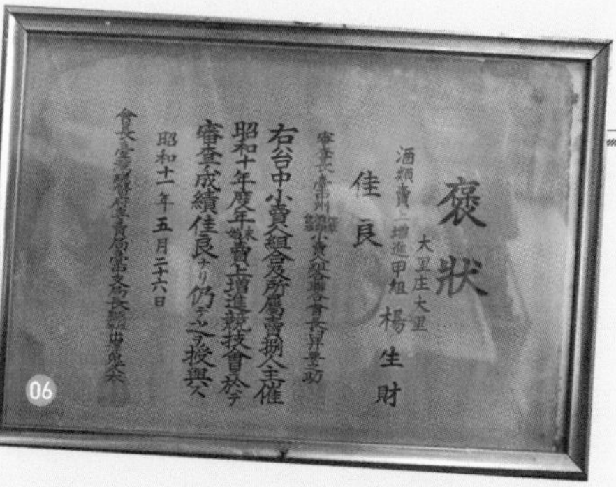

一九六〇年代是台灣菸葉種植高峰期，台中、嘉義、屏東與花蓮為全台四大菸區，竹崎鹿麻產福美商號的老闆說，雖然法令禁造私菸，以前還是有菸農在菸草收成後，偷留一些剪成絲、曬乾炒香後自己捲來抽，「抓到要關的！」如今國產菸已屬前代的專利，這等往事，恐怕是抽著七星和 Marboro 的年輕人所難以想像的吧。

◇太白酒最普遍，做菜不能缺米酒

菸與酒總是相伴，日本時代民間飲酒最大宗為米酒，在台日本人則多喝進口的清酒、啤酒，少數台灣自製清酒品牌，專賣前有日資的胡蝶蘭、蘭丸，之後專賣局生產的如瑞光、福祿、萬壽為低價的選擇。台灣第一支本土啤酒則誕生於一九二〇年，由日人在台成立的高砂麥酒會社所推出的高砂麥酒，即至今不衰的台灣啤酒前身，現在的建國啤酒廠即高砂會社舊址。

但除了少數日治時代起就開業的商店曾進口高檔的日本清酒、紅酒，我們採訪的店家，戰後最早的賣酒記憶多是公賣局的桶裝「太白酒」，大酒桶直接搬進店裡，一勺一勺散賣，客人拿自家瓶罐來裝。太白酒因用樹薯等發酵，價

格比米酒更低廉，在中下階層間大為流行，一九四九年一上市便躍為公賣局銷售之冠，產量超過全部酒類的一半，後才被蓬萊米製的紅標米酒取代。

台灣的米酒自日本人引進阿米洛發酵法後，始以科學方式大量生產。公賣局一九六七年推出紅標米酒，漸成為庶民家庭下廚常用的料理酒。

公賣局時代研製的酒類多不勝數，當時空間夠大的店家，會立一個「見本櫥」（展示櫥）陳列所有酒品；早年熱銷酒款還有紅露酒，馬武督榮興商店的老闆回憶：「那時辦喜酒、請客流行紅露酒，代表很高級！」在他店裡喝得起紅露酒的則是附近收入好的礦工。迎合外省軍民口味而研發的紹興酒、高粱酒也日漸普及暢銷。

一九九一年烈酒也開放進口後，台灣人有了更多樣的選擇。在雜貨店，酒的消費也約略可見階級和族群的分別，例如蘇澳南方澳多東南亞漁工，興發商店老闆娘阿牙說他們都喝「俗仔」（便宜的）如參茸藥酒、啤酒，在地街坊鄰居才會買一瓶七、八百到上千的洋酒；不識字的阿牙還自己幫洋酒「取代號」，如Johnnie Walker黑牌威士忌叫「烏節仔」，Hennesy軒尼詩她喊「乎你死」，變成店家和客人間的玩笑默契。

07

◇「米酒恐慌」震盪雜貨店

台灣實施數十年的菸酒專賣，隨社會開放、經濟自由化的趨勢，終在二十一世紀初走入歷史。二〇〇二年台灣加入WTO（世界貿易組織），菸酒專賣制度廢止，回歸稅制，台灣省菸酒公賣局改制為台灣菸酒股份有限公司，新訂的《菸酒管理法》、《菸酒稅法》正式上路。

但在專賣廢止前夕，民間因預期菸酒改課稅後會大漲價，尤其民生用米酒將大幅調漲，而造成家家戶戶囤積米酒、市面缺貨的現象。當時公賣局曾採每戶限量配給（憑戶口名簿向當地配銷處限額購買）、限制零售商的領貨數量等應變措施，還推出米酒水、加鹽米酒等，二〇〇〇年甚至從新加坡進口一百萬瓶米酒應急。

這波「米酒恐慌」升溫成重大社會議題，也在雜貨店間造成震盪。兼營批發的通霄松盛商行老闆記憶猶新：「那次我有預期到波動，所以事先做好準備。」他分享這經驗給接班的女兒：「做老闆要有市場敏銳度，平時多跟廠商問事，才能判斷進貨量和價格走勢。」

隨著菸酒開放進口、販售通路廣泛，雜貨店和現改稱「台酒公司」的公賣局不再如過去緊密相依，有些部落裡的商店，甚至因老闆信教推廣戒菸戒酒，菸酒全都下架。但那塊褪了色的「菸酒牌」早已是店的一部分，如同許多老店悉心收藏公賣局發售過的總統就職與國慶紀念酒，白瓷花樣的瓶身一字排開，紀念那老派的時光。

02

雜貨考｜圖錄

- ⓪① 菸酒牌遠景
- ⓪② 圓形菸酒牌
- ⓪③ 方形菸酒牌
- ⓪④ 各品牌捲菸（莊永明提供）
- ⓪⑤ 白鷺牌香菸（莊永明提供）
- ⓪⑥ 昭和時代專賣局頒發的「酒類賣上增進」獎狀
- ⓪⑦ 太白酒桶
- ⓪⑧ 公賣局各式紀念酒

08

輯三 ③

徜徉平原

雲林・嘉義・台南

樹仔腳的合成商行——聖母和媽祖都很靈

鹿麻產的福美商號——菸樓與豬肉攤傳奇

土庫的豐村行——塗褲媽前的老味道

大坪的隆榮商行——與文學家做厝邊

口埤的新發商號——府城小姐夯大山

西庄的明山商號——三輪車少年的回鄉路

吉貝耍的誌成商店——跟阿立母說心內話

雜貨考：柴米油鹽鎮店之寶

01

農村

聖母和媽祖都很靈

樹仔腳的合成商行

店家地點 雲林 莿桐

創立時間 一九〇四年（二〇一八年歇業）

在稻田遍布的雲林農村樹仔腳，有座歷史超過一百二十年的天主堂，阿能伯回憶小時候外國神父挨家挨戶傳教的景象，他就是在那時和爸媽一起受洗成為天主教徒。

他用閩南語讀經、唱聖歌，太太則照樣拿香拜拜，「伊的媽祖和我的聖母袂冤家啦。」（她的媽祖和我的聖母不會吵架啦。）他搭著太太說，頭髮花白的阿能嫂點點頭：「兩个攏真靈聖！」（兩個都很靈驗！）

七十多歲的阿能伯每週日上天主堂望彌撒，開店的他不求名不求利，只求身體健康。這一年來他腳腫痛得厲害，連出門都困難，直接赤著腳坐在藤椅上，店裡由媳婦掌櫃，住附近的女兒們有空便回來作伴，加上孫子孫女，一家人談笑熱鬧，進門的客人還得扯著嗓門買東西。

饒平村臨著濁水溪與北面的彰化相望，舊名「樹仔腳」源自過去大家常相約在渡口旁的大樹下，搭竹筏或徒步涉水過溪。現在大樹已不復見，但當地人仍習慣這樣稱呼，「樹仔腳聖若瑟天主堂」更聲名遠播。

01 創立於日本時代的合成商行已有百年歷史。

02 阿能伯一輩子都在莿桐與雜貨店度過。左為阿能嫂與孫子。

03 樹仔腳天主堂已成為莿桐著名地標。

樹仔腳天主堂遠近馳名

天主堂離阿能伯的店僅幾步路之遙，現以八角綠瓦圓頂的「中國風」建築聞名，但清末傳教士講道的地方原只是間簡陋竹屋，搬到現址後陸續改建，一度蓋成哥德混合巴洛克風格的西式教堂，在四周綠油油的稻田和矮厝間格外醒目。那座華麗的教堂尖塔也吸引著幼時的阿能伯，他說以前每到星期天，爸媽就放下田裡的工作，穿戴整齊，牽著身為老么的他上教堂去，「神父會講《聖經》故事，感覺真好。」教堂也發送麵粉、奶粉，穿美援麵粉袋內褲長大的他，想起奶粉泡水加糖的味道，還是甜蜜蜜的。

與天主堂在同一條路上相對的廣興宮，則以三年一度的「潦溪進香」轟動全村，三月底媽祖生日時，大批信眾簇擁著彰化南瑤宮「三媽」媽祖往笨港進香，回鑾途中，會從樹仔腳這岸下水涉濁水溪而過，以前還曾流傳神轎行至溪畔，濁水溪忽然從中分成兩半讓進香團穿越的神蹟，簡直《聖經》摩西故事的媽祖版。從小擠在看熱鬧人群中的阿能嫂，迄今仍猛點頭：「有求必應，我講的話伊攏有聽著。」（我講的話祂都有聽到。）

信仰是農村裡重要的事，但不管信哪個神，每天都得老實幹活，樹仔腳盛產稻米、蒜頭和花生，時值六月中，稻作再過一週就要收割了，金黃色的稻浪在

03

04 店裡貨物多為方便厝邊鄰居。

烈日裡閃耀。阿能伯早年顧店之餘也下田，直說最累的是載肥料去田裡，「足重耶，」他笑笑，「比起來，開店無特別辛苦的代誌。」

從竹管仔厝到土埆厝，再到水泥樓房

因為家裡窮，阿能伯小學畢業就被送到雜貨店裡當「辛勞」（夥計），他還記得人生中賣出的第一樣東西是鹽，「因為上俗（最便宜）。」當時賣鹽的店家要領有「鹽牌」，從農會載回整袋粗鹽後，先倒進店裡水泥砌的方槽裡存放，小小個子的他那天便從槽裡小心舀出鹽來，裝進紙袋，秤重，謹慎地收錢找錢。

退伍後，他入贅到也是開店的太太家，阿能嫂的阿公在日本時代創立合成商行，是當年樹仔腳街上第一間雜貨店，至今有一百一十多年歷史，原本和天主

05 販售的醬油與蔭油等多為在地釀造出產。

堂一樣是用竹子和泥土搭成、稻草頂的「竹管仔厝」，後來一步步改成土埆厝、磚仔厝，到第三代的他已是水泥樓房，門外也闢了馬路，但屋裡的木櫃、牆頂裝飾的小磁磚，仍保留著上個時代的古意。

以前店裡兼賣豬肉，阿能伯的丈人每天到虎尾屠宰場批豬肉回來在店前賣，丈母娘顧店，他負責粗重的載貨工作，騎著雙管腳踏車來回斗六或西螺補貨。店裡光以簸仔裝著賣的乾貨就有丁魚脯、魩仔魚、小卷仔、蝦皮與海帶乾等幾十來種，後來買了摩托車，阿能伯說他一趟可以用大竹籃載滿兩百斤貨，雞蛋最怕摔，則在籃子裡鋪好稻草，一次也能載個五十斤。

當年摩托車貴，全庄頭只有一、兩台，早期的手搖式電話也是開店的才裝得起，厝邊隔壁來用電話，他一概不收錢，女兒在旁說：「爸爸很慷慨，所以我家生意很好，但是，也很多帳收不回來啊。」她苦笑，以前客人常賒帳，過年前若有還沒來還錢的，阿嬤便挨家挨戶去收帳，爸爸當家後，連這口都開不了，幾次還派弟弟去收，討不回就乾脆算了。

自囡仔工迄今，一輩子都在雜貨店

阿能伯聽著女兒說，有些靦腆，不做爭論，彷彿呼應幼時神父溫柔的講道：「不說謊，不貪心，認真工

作，對人和善……。」至今，每當客人買完東西，他便客客氣氣說聲「多謝」，身旁的阿能嫂補一句：「多謝你，予你大趁錢（讓你賺大錢）！」這是老夫妻的待客之道。

因為他隨和人緣好，附近鄰居都愛到店裡聊天，女兒尤其懷念小時候夜裡坐在大人身旁聽「開講」，直到半夜被爸媽趕去樓上睡覺。顧店少能出門遊玩，她記憶中爸爸最大的嗜好就是瘋布袋戲，尤其迷雲林在地戲班「五洲園」，「他常跑去饒平戲院看布袋戲，還自己做戲偶演給我們看。」他用布巾包木屑當偶頭、穿上自己縫的衣服，拿筆在臉上畫表情，「好人畫好面，歹人畫歹面。」阿能伯忍不住舉起手在空中比畫，浮現心頭的自是吟著「回憶迷茫殺戮多，往事情仇待如何」出場的雲州第一大儒俠史豔文。

從十二歲當囡仔工、接手合成商店至今，阿能伯沒離開過家鄉，大半輩子都在雜貨店裡度過，但這一甲子時光，在他溫和的眼中看來，「除了物價，其他攏無變化。」牆上掛著縣府頒發的「模範父親」獎牌，他憨笑說不知為什麼被選上，然而全家人簇擁在店裡的模樣，就是一幅令人會心的畫面。

架上商品陸續減少，媳婦坦言目前只維持簡單的菸酒、雞蛋、醬料滷包等買賣，多是走不遠的老人家來買，阿能伯則依然每天到店裡坐，大多時候靜靜微笑。買菸的客人走了，「予你大趁錢！」阿能嫂沙啞的嗓音再一次迴盪在屋內，同時，也把人送向了門外熱夏的陽光。

農村

菸樓與豬肉攤傳奇

鹿麻產的福美商號

店家地點　嘉義　竹崎

創立時間　一九四〇年代

「以前我家雜貨店兼賣豬肉，有陣子豬肝貴，還有人因為買不到豬肝，在我家攤子前發狂打架！」羅大哥在店裡講得起勁，那是民國四十年左右的事，「鬧到警察跑出來對空鳴槍，才把那些人弄退。」

◇◇◇◇◇◇◇◇

六十歲出頭的羅大哥身材精瘦，說起話來手勢飛舞，眼睛骨碌碌轉，他說自己從小愛跟著大人，「以前我阿嬤一喊人幫忙，十幾個孫子跑光光，只有我不會跑，所以我學最多東西。」六歲就會看磅秤的他，口中關於這間店的故事源源不絕。

日本時代阿里山森林鐵道開通，匡噹匡噹的小火車從嘉義進入竹崎的第一站便是「鹿麻產」。曾經是大站的鹿麻產戰後改名「鹿滿」，現在火車已不停靠，整修完好的木造車站佇立原地，和不遠處已經不運作的菸樓一樣，在寧靜中試圖留住一點過去的風光。

「鹿麻產」老地名的由來，有一說是因滿山遍野的梅花鹿密密麻麻，另一說是從鄒族語社名音譯而來，但羅大哥指正，地名可能源自這裡出產「鹿麻」

01 一派瀟灑自信的老闆羅大哥。

02 福美商號迄今仍保有經營活力。

這種植物，他要更正的不只這樁，還有自己除了是閩南化的客家人，「我應該也有荷蘭人和洪雅族的血統。」他樂得大笑，顯露對在地文史的熟悉與熱情。

阿公多角經營風光一時

羅大哥說，家族從廣東普寧來台後定居雲林大埤一帶，大埤是台灣南部鹹菜重鎮，他家上一代幾乎全在做鹹菜。阿公後來入贅到虎尾的富裕人家，戰時虎尾飛行場不時受炸彈空襲，阿公便帶著阿嬤往山邊避難，落腳竹崎，開始自己闖天下。

鹿麻產緊鄰嘉義市，是竹崎開發最早的地方，他口中「很有生意眼光」的阿公看準附近土地便宜，便一筆筆買進轉賣給市區的人，靠土地買賣起家，之後創立了英和商店、食堂、肉鋪，還有榨油的油車間等。商店後來改名「福美」，傳給爸爸和伯父，羅大哥十五年前退休後接手。

自他有印象起，家裡的生意便日夜熱絡，他說起阿公滿是崇拜：「他是個很奓（時髦）的人，每天穿一套白色西裝配白皮鞋，在豬肉攤剁完肉，全身還是白亮亮的。」他笑說小時候只要叫一聲「阿公」，阿公就發一塊錢，不只在孫子面前大方，他也是村民眼中的大善人：「以前大家做農、做工，平時沒收入，記帳記一整年，當年一顆滷蛋兩角，阿公常一次塞幾十塊錢給他們。阿公當村長時，以我們家為中心，方圓三公里內，不論兄弟吵架、夫妻鬥嘴，只要他一句話就好了。」

在村裡普遍經濟情況不好時，「我們開店的人卻每餐大魚大肉，人家赤腳我們穿鞋。」富貴的童年，羅大哥想起什麼都快樂，吃飯時捧著飯碗到油車去淋幾匙現榨的麻油，「喔，很香！」國中後家裡不榨油了，改賣嘉義市「源發油行」的油，兩家有如世交，現在他店裡還進源發整桶的油分裝賣。

殺豬時更好玩，每當爸爸、阿伯坐著犁仔卡去養豬的農家裡載豬，沒事幹的小孩就跟上車，「一隻豬一兩百公斤，加上小孩在車上跳啊跳，走過石頭路，車軸都彎掉了。」他笑得像孩子一樣調皮。

那時有灶、有排水設備就可申請為簡易屠宰場，家裡會請專人來殺豬，他也看得目不轉睛。猶記得兩個人殺一隻豬，「一根棍子、一條麻繩，用槓桿原理就能毫不費力地把整隻豬吊起來放血，再放到鍋裡用沸水除毛，好厲害！」

羅大哥後來也是豬肉攤前的一把快刀，「我最會去骨，可以片下比菜刀還薄的肉片，尤其內臟的處理，才是功夫。」他得意自己承襲了阿公的俐落體面，拍拍身上的淺色T恤，「我剁完肉，身上一樣乾乾淨淨。」

烘焙龍眼乾、菸葉氣味長存記憶

祖父時代還做農產品批發、在山上自種龍眼，烘培龍眼乾在店裡賣，「每到龍眼採收時，家裡光工人吃飯就要辦三大桌！」他還津津樂道，商店隔壁的英

03 店裡酒類、金香與食材等品項繁多。

和食堂由阿嬤、伯母、媽媽、姑媽負責，菜色從自家做的丸子、焢肉飯到辦桌料理都有，在菸業還鼎盛的時候，菸農常到他家食堂辦桌宴請公賣局驗菸的評審，「我媽的招牌菜五柳枝（一種台式經典魚料理）、糖醋排骨，味道超好！」

台中、嘉義、屏東、花蓮曾是台灣四大菸葉產區，竹崎為嘉義最重要的菸區，小小的鹿滿村最輝煌時菸田多達兩百甲地，菸樓遍布。羅大哥最難忘每到冬天時，菸葉收成後送進菸樓烘焙，「我們小孩最愛跑到菸樓裡，又香又溫暖，烘菸草的味道很濃很獨特，讓人想賴在裡面。」

04 頂座繪有彩圖的豬肉枱已變身為多功能貨架。

05 店內隨處貼滿老闆手寫的金句標語。

早期用土法燒柴，熱氣通過管子將菸葉烘乾，「母雞都會跑到菸窯角落取暖生蛋，有的菸樓乾脆放個小箱子鋪稻草讓母雞窩著，我們就趁母雞不在時去偷蛋，拿到熱管旁邊烤，溫度高到蛋殼嗶茲嗶茲裂開，那個土雞蛋的香味喔……。」大人在高溫下幹活、小孩群聚烤蛋的畫面，在羅大哥口中活靈活現。

而菸草經烘焙、評定等級到加工完成，等公賣局再送進他家的雜貨店，已是一盒盒吉祥、康樂、寶島等品牌的包裝菸。當時也出產鐵盒裝的菸絲，但捲菸絲的白紙較貴，他說老人家常用一種類似牛皮紙的便宜粗紙來捲。後來又流行抽菸斗，「把熟透的檳榔切開，裡面被鬚包住的種子叫作檳榔心，可以拿來做陀螺，或在硬殼鑽洞插一根細竹管，就變菸斗了。」

自在揮灑個人風格

從豬肉到菸草，從小在雜貨店打滾的羅大哥講得口沫橫飛，接下老店的心情很簡單：「我想延續前人傳下來的東西。」保留著手寫店招的福美商號位在人來人往的街上，連通隔壁已收攤的肉鋪店面，空間大貨品充足，相鄰的英和小吃店炊煙裊裊，由家族裡人繼續賣著滷肉飯和切仔麵。

現在由他掌理的店內，四處張貼著他用POP美工字體寫的各色促銷字牌，與「WISH YOU HAPPY & A NICE DAY」、「不忍則亂」等中英文標語。從阿公時代傳下、鑲有彩繪玻璃的木製肉砧枱座底已被貨箱掩蓋，座頂垂掛一袋袋客家福菜乾，成排釘子變身懸掛毛筆的筆架，頗有居家氣氛。

老店做的多是老鄰居的生意，羅大哥說：「以前的人在店家賒帳，心裡感激，久而久之就是老主顧，不會去別家買，收成時有水果的送水果、有菜的送菜，到現在，我們還常收到鄰居家種的菜。」

而櫃台前的他若不是在看報，就是在剪報，牆角疊了好幾落高高的舊報紙，桌上還放了英日文字典，「我們

06 從混合建材與編竹夾泥牆結構可看出老店的悠長歷史。

要學習這兩種語言，才能和國際接軌。」他眼神發亮，談起自己時隨便一筆都很傳奇，比如他原任軍職，專攻犯罪防治，「工作很機密，而且我從小體力過人，在軍校時班長想整我，後來發現對我沒辦法，我怎樣都不會累。」至今他仍每天繞村庄慢跑一大圈，此外，他還有設計專長，擔任竹崎的社區規劃師，參與設立鹿滿菸草文化園區、紫雲社區童玩館，館內的古早童玩陀螺、彈弓等，都是他自己兒時的回憶。

相較於在外的豐富經歷，顧店對他而言很輕鬆。他老神在在說：「我讀了好幾年人類行為學，喜歡在店裡觀察人，退休後想放張桌子、插一支『鐵口直斷』旗子給人算命，因為我看人太準了！」他有時還會為了「研究」人的反應，不斷追問客人，直白得讓太太不斷在旁使眼色制止，但他辯駁：「我因為理解人性，從來不對客人生氣啊。」

若說老雜貨店的難以忘懷之處，或許就像走進福美商號，每個角落都能感受到老闆的強烈風格，不論是金紙堆旁的成疊舊報、一筆筆認真描摹的字體，還是透露出他個人喜好的毛筆架，一開口就停不下來的過人經歷……。即使這間店過去的風光我們沒見過，但就羅大哥介紹自己的模樣，對我們來說，它已經是一則傳奇了。

01

市街

塗褲媽前的老味道

土庫的豐村行

店家地點　雲林 土庫

創立時間　一九四〇年代

趙先生和趙太太並肩站在自家的檜木櫃前，就像是一幀老照片了。瘦削的阿公白髮蒼蒼，腰骨挺直，嬌小的阿婆靠在他身旁，笑容可掬。身後陳年的櫃子，木色沉得發亮。

而店內抽屜裡，有一張真正的老照片。一模一樣的櫃子前，趙先生穿越時光變回一個年輕小夥子，身穿白亮襯衫，在酒櫃旁高舉一支酒瓶，那抿嘴的笑容隱藏不住自豪，因為他所掌理的這家店，剛得到公賣局「雲林縣菸酒陳列比賽」特等獎。這對當時因接手雜貨店而無法繼續讀書的他，也是一種榮耀的補償吧。

◇◇◇◇◇◇◇◇

每年農曆三月二十三日媽祖生，是這條街最熱鬧的時候。站在供奉「塗褲媽」（土庫人對當地媽祖的稱呼）的順天宮前，可以看到斜對面的豐村行，紙箱一路從門口擺到了亭仔腳，賣的是土庫在地的醬油麻油、大埤的意麵、北斗的馨油（香油）、太保的米豆簽，以及發糕粉、在來米粉、手工麵線等，柴米油鹽的氣味，混合著廟裡終年繚繞的薰香，是土庫人最熟悉的味道。

01 豐村行雜貨什物從店內鋪展到亭仔腳。

02 趙先生與妻子斯文淺笑地合影。

03 米豆簽等傳統吃食展現古早味。

從稻米、醬油、麻油到花生油

假日，門外多是慕名來吃鴨肉麵線的遊客，街坊鄰居則如常進店裡採買，趙太太穿梭在狹窄走道，親切地拿貨、找錢，趙先生安坐店內桌前，沉靜地看報紙。

高齡八十二歲的趙先生看上去斯文，顧店超過一甲子的他，悠悠講古土庫家鄉史。土庫因位居南北交通要衝，稻米、花生等農產豐富，古早前遠比隔壁的虎尾發達繁榮，直到日本人蓋了虎尾糖廠後，地位才被後來居上。但土庫仍維持著貿易市集的興盛，也是雲林地區的稻米集散地，日本時代當地兩大碾米廠曾有「一番泰豐，二番新洽記」的順口溜，他父親當時就在泰豐跑業務。

03

戰後不久，父親選在這條商街上蓋起兩層樓的店面兼住家，與偌大的第一市場、理髮院、藥房、戲院等比鄰。他用前東家的「豐」字加上自己名字中的「村」取店名，流露老一輩人溫厚的情意。

當時街上除了米絞仔（碾米機）轟隆隆的聲音，還有滿街的油車間（榨油廠），空氣中瀰漫濃濃的麻油和花生油香，甚至油業最鼎盛時，全台的麻油、花生油價格，端看土庫當天的市價而定。

他回憶爸爸的年代店裡賣油，便是直接跟街上的油車間進一桶三、四十斤的桶裝油，客人再拿

04 店內一隅的舊式電器開關座。

空碗空瓶上門來「搭油」（用長柄勺子在桶裡舀取後，倒進分裝容器裡），醬油則是爸爸騎鐵馬去附近的豆油間（醬油工廠）載回來。直到七十年後的現在，趙先生仍賣著當地人稱「太陽牌」的日新醬油和幾家老廠牌的麻油，彼此生意往來，同時也是世代交好的老友。

「讀冊人」棄文從商接手家業

除了架上的老牌子，這間堆滿南北貨的老店，處處都有來歷可說。比如屹立店中央的石柱，從蓋屋起穩當地撐起這棟樓，至今已磨得滑潤；開店時訂做的檜木玻璃櫃，依然整整齊齊排滿菸酒；現在存放二砂和白砂糖的木桶，原是公賣局暢銷一時的太白酒桶；門口醒目的手繪招牌，則是早期食品大廠「津津」所贈，浮凸的大紅味素鐵盒、罐頭和字樣，色彩繽紛地反映了那個經濟起飛的年代。

不過，雖然當家做老闆，趙先生其實更是個「讀冊人」，他在日本時代小學未畢業就因戰爭中斷，大家成天躲警報，他記得最嚴重的「虎尾大空襲」，虎尾糖廠和虎尾飛行場曾經一天內被美軍丟了數十顆炸彈，土庫也飽受震撼驚嚇。

05 豐村行的洗石子外牆與窗花俱是台灣早期建物所常見。

戰後他一路考上虎尾初中、虎尾高中第一屆，現在回想，他仍不禁誇口那時的學生水準高，同學們都很認真，還會去跟教會牧師練英文，「莫講建中的，彼時陣虎尾高中的攏較贏這馬。」（不要說建中的，那時虎尾高中的都好過現在。）

當時虎尾已興起成大市鎮，不僅有全雲林頂尖的高中，虎尾糖廠更是全台產量居冠的「東洋第一大廠」，從糖廠延伸的糖業鐵道四通八達，土庫沒有縱貫鐵路經過，趙先生每天便搭虎尾糖廠的五分車上學，同列車常有帶著成捆甘蔗去糖廠的蔗農，「但阮坐的是有位的車廂，愛收票。」

那個年代能讀到高中實屬不易，然而身為長子的他，高中畢業後聽從父母留在家裡照顧生意，好讓下面四個弟弟繼續學業。一旁趙太太疼惜地說：「若無

06 自大陸進口、仿昔日台灣知名的猴標火柴盒。

07 浮凸造形的彩繪廣告看板，充滿濃厚懷舊氣味。

伊嘛想欲讀大學啊。」（不然他也想要讀大學啊。）他沒接話，反而細數弟弟們後來各擔任某機關的某某職銜，流露出做大哥的欣慰。

厝邊齊聚店內看《雲州大儒俠》

即使土庫相對於虎尾大鎮只是「庄跤所在」（鄉下地方），但趙先生記得自己「做學生仔」時土庫就很夠摩登了，尤其他最愛去街上的明星戲院「抾戲尾」，戲結束前十分鐘，戲院的門一開，小孩全湧進去看戲，裡面演的是歌仔戲、新劇、電影，或是他最期待的布袋戲。

06

後來有了電視，戲院漸漸沒落，一九七〇年代電視布袋戲《雲州大儒俠》掀起空前熱潮，當時他們店裡率先有了電視機，每到開演時厝邊隔壁全擠進來，他笑：「閣有人看甲無去上班！」畢竟雲林堪稱布袋戲的故鄉，黃海岱「五洲園」、鍾任祥「新興閣」等轟動一時的戲團都出身雲林，如今光土庫就有十多個布袋戲團，過去全民瘋布袋戲的年代，這裡自然更不在話下，雜貨店能靠一台電視吸引滿滿人潮，大家邊看邊喝涼的買吃的，生意大好。

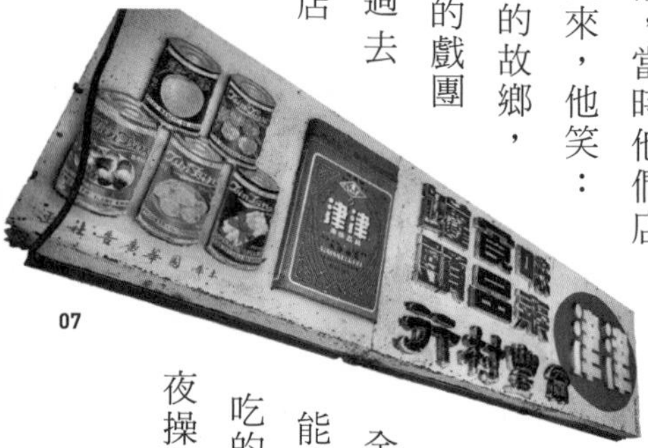

07

顧店日夜操忙，景氣好的年代，他們早上六點就開

08 09 時隔數十年，趙先生再現年輕時獲「菸酒陳列比賽」特等獎的神情姿態。

09

08

門，午餐得到下午兩點後才有空吃，晚上開到半夜十二點。過年時更沒時間休息，趙太太說因為古早無冰箱，初一、初二大家一定會來買東西「攢拜拜」（準備拜拜），此外三月清明、媽祖誕辰、五月端午、七月中元、十月謝平安等，最是忙不過來。

雖然沒有下一代接手，但兩老坐鎮的店門前熱絡，各種食材乾貨琳琅滿目，宛如地方物產中心。常有遊客把老店當景點，進門的客人隨口問了城市少見的「豆支」怎麼煮，趙太太馬上回：「用滷肉剩下的湯丟進去滷，就很好吃。」或者，直接放鍋裡慢火翻炒，炒到焦焦軟軟，再加一點醬油和糖，「鹹香鹹香，阮囡仔攏足愛吃！」（我小孩都很愛吃！）她那笑起來的神情，彷彿三個都已中年的兒女，還是當年的小鬼頭，正圍在桌邊等媽媽端出這道古早的菜肴呢。

01

山

與文學家做厝邊

大坪的隆榮商行

店家地點　嘉義 梅山

創立時間　一九四六年

太平老街家家戶戶的門柱上，都掛著一隻公雞造型的圓形鐵牌，黃的綠的，點綴著寧靜的小村庄。日本時代文學家張文環一定沒想到，他的小說《閹雞》會在七十多年後變成家鄉的代表標誌，而他的家族晚輩、老家旁的雜貨店老闆，成了熱心介紹張文環的地方人物。

身在嘉義，不論走到哪裡總有座阿里山。日本時代阿里山鐵道行經竹崎和梅山的交界，張老闆說，他爸爸跟日本人關係好，經人介紹到阿里山管理福利社，商品從嘉義市用小火車載進去，專賣給山裡的木材工人。有了這個經驗，戰後父親便回大坪老家開了間雜貨店，至今剛好滿一甲子。

「這棟房子的樑柱都是阿里山檜木，連招牌也是。」他指著門上新穎的木匾，雖然塗上新漆紅字，卻是當年他父親創店時就親自掛上去的。

太平舊稱「大坪」，是梅山山區的一塊平地，抵達這裡前得先經歷有「梅山三十六彎」之稱的162甲縣道蜿蜒的考驗。當車子從梅山市區一圈一圈盤旋向上，看出去的山景愈來愈開闊，待駛抵海拔一千

01 張老闆頭髮已白卻總是精神奕奕。

02 竹子造型路燈與阿里山檜木等建材皆展現在地特色。

03 與張文環故居比鄰，大坪隨處可見小說《閹雞》的意象圖像。

公尺的大坪，山間雲霧帶來的涼意拂面，微風陣陣，平息了反覆彎道造成的暈眩。

文學家故居帶動在地社區發展

太平老街保留許多低矮的兩層樓房，近年因社區推動張文環文化景點，不少門面都重新打理過，新開了幾間咖啡館和民宿。但平日人潮不多，店家擺到亭仔腳的小桌，和厝邊的菜園、磚牆自然地融為一景，午後老人牽小孩出門散步，整個街廓沉浸在安然的日常裡。

隆榮商行也跟著張文環故居小小翻新過，靠牆的老木櫃漆成明亮的米白色，新添的鐵架上商品多樣，店面不大但井然有序，毫不顯老態。六十多歲的張老闆也是，儘管滿頭白髮，但身材高壯，精神奕奕，他的兒子幾年前回鄉做社區工作，孫子也留在當地上小學，是鄉間雜貨店少見的三代同堂。

門口幾把籐椅隨時等人坐下聊天，張老闆沉穩的嗓音招呼著來客，不忘解說隔壁

03

04 從店內外的陳設看得出打理的用心。

文學名人張文環的來歷。「張文環是我爸爸的堂兄，所以我要叫他『阿伯』。」張文環出生於日本時代，家中經營造紙廠，生活富裕，中學畢業便到日本修讀文學，回台後投入創作、籌組文學社團，創立《台灣文學》雜誌。

他用日文寫成的小說，多半以老家梅山大坪為背景，寫實描繪鄉村的悲劇，代表作《閹雞》便藉由一個農村女人的命運，批判傳統封建思想和資本主義。他也熱心政治，戰後當選台中縣參議員，約莫同時，張老闆的父親開了這間商店。

張老闆坦言，他其實沒見過這位早早離鄉的文人阿伯，在農村長大的他，也沒機會讀到那樣批評社會的前衛小說，退伍時因大哥、二哥都在外做事，身為老么的他便留在家裡，跟著爸爸邊做邊學。

05 攤車上擺著老闆娘自製食品與在地特產。

曾盛產竹子興旺造紙業

大坪位居靜謐山間，與外界有重重阻隔，他父親時代店裡也殺豬賣豬肉、鹹魚和醃蘿蔔等，補貨都得用人力挑上山，後來改用牛車，更晚期才有卡車。「我讀梅山國中時住在梅山市區親戚家，週一早上用跑的下去，週末坐載竹子的大卡車上來。」他當家後，起初自己開車去嘉義市補貨，十多年前開始有廠商的外務送貨，「但山路很難走，很多人乾脆不做我們山上的生意。」

現在大坪以茶葉聞名，以前則遍布杉木和竹林，竹子孕育了造紙業，張老闆家中曾有十多甲地種竹子，「桂竹拿來造紙，孟宗竹賣到海口的布袋、台西，給人家做竹筏、搭蚵架。」大坪曾有三大家造紙廠，其中一家就是他的祖父和兄弟、即張文環的父親一起經營。

他幼時就喜歡待在紙廠裡看造紙，憑記憶，他細細描述砍下的竹子怎麼修剪、剖成片狀，然後經浸泡、碾碎、攪拌、去水等流程，最後在戶外晾乾，「造出來的粗紙，主要用來製成拜拜的金銀紙。」

講到拜神，他指著老街另一頭，說起村裡信仰堯、舜、禹三官大帝的三元宮尤其香火鼎盛，日本時代甚至保佑南洋兵平安歸來，「傳說只要到廟裡求過的，都會活著回來，從南洋回來的老人家甚至親口說過，身上帶著香火袋，在戰場就好像有人在指路！」

期待觀光事業牽引顧客人潮

戰後的大坪一度持續繁榮，張老闆細數他小時候村裡還有一千多人，現卻只剩兩百多；以前台西客運一天二十幾班，現在僅有兩班。當年的竹林紛紛改種成檳榔和咖啡豆，說到這他精神來了：「我們這裡的咖啡豆是台灣第一，梅山二十八彎那位陳皇仁的咖啡豆，出國比賽得了幾次冠軍。」他自己也學著種，一邊彎腰翻看正鋪在簸仔上日曬的咖啡豆，一邊說著每季的氣候和產量。

一輛剛從阿里山下山的遊覽車，在老街放下了觀光客，大嬸大伯們湧到店前，一陣風似地掃走了門口攤車上的特產，包括他太太醃漬的老菜脯、梅干菜、筍乾，以及當地的阿里山愛玉子、金針、龍眼乾等，嘰嘰喳喳歡快的聲音淹沒了老店。張老闆不禁聊起幾個月後將落成的「太平雲梯」，屆時這座台灣最長的天空步道，將從大坪通達阿里山風景區。「很期待啊，希望人潮變多，生意更好。」他說，「我還考慮開咖啡館，用自己的豆煮咖啡……。」

傍晚，深秋的夕陽斜照進來，在地上拉出長長的人影，屋裡傳來廚房的飯菜香，張老闆想像著未來的遠景，在沁涼的空氣中，山間雜貨店正期待著它的下一個春天。

農村

府城小姐夯大山

口埤的新發商號

店家地點 台南 新化

創立時間 一九五〇年代

出身台南府城的財嫂當年決定嫁到新化鄉下時，家人都念她「哪遮戇」（怎麼這麼笨），夫家要求她回娘家不能過夜，爸爸忍不住說她是嫁去「夯大山」（扛大山）嗎，意思是竟然忙成這樣。於是她再委屈，只能自己躲起來哭一哭。

「遮的人攏講我足勢忍耐。」（這裡的人都說我很會忍耐。）財嫂的語氣淡了。如果生活是座山，她就是老老實實地扛了下來。

◇◇◇◇◇◇◇◇◇◇

當了阿嬤的財嫂托腮倚在櫃台前，摘下眼鏡，梳攏一下頭髮，還有些當年的風韻。少女時代的她，在台南市姑媽的雜貨批發行裡幫忙，來追的少年家不少，約會不是去民族路喝咖啡就是看電影，偏偏摩登小姐後來看上的，是在她親戚鞋廠工作、出身口埤農村的阿財。

她說爸爸開剃頭店，從來捨不得讓家裡的女兒們沾手，她出嫁時爸爸說：「庄跤的飯碗妳捀袂起啦。」（鄉下的飯碗妳端不起啦。）話中其實是心疼。

01 低矮的紅瓦平房訴說新發商號身世。

02 財嫂已獨力當家十餘年。

主婦式的經營收納巧思

剛嫁來口埤時真的不適應，財嫂回憶，當時住在農村竹子搭的房子裡，「半暝有怪聲，我予驚甲去收驚。」（半夜有怪聲，我被嚇到去收驚。）公婆家從上一代就經營雜貨店，簡單的餅乾零食之外，也賣些甘蔗、香蕉等田裡水果，和自家煮的冬瓜茶。她平時一起顧店，從城市下嫁農村的她沒遇到普遍的婆媳問題，反而是公公脾氣不好，常會叨念婆婆架上東西沒擺好等瑣事，婆婆被罵後愛找她訴苦，「她很依賴我，我們算是合得來。」不知不覺中，財嫂的角色從小媳婦變成了被依靠的女主人。

後來住家搬到新化市區，一間店全家人輪班，傍晚她先回家煮飯，先生下班後到店裡陪媽媽，晚了再一起回家吃晚餐。公婆、丈夫都過世後，她已獨力當家了十多年。

財嫂的店位在三岔路口，來往的車多，都很難不被這間紅瓦老厝吸引。她說這房子開店六十年來幾乎沒改過，屋頂的竹管仔、靠牆的檜木櫃經久耐用，裝潢雖然陳舊，但商品陳列整齊有序，袋裝的、方形的、長條的或零散的各式包裝，都依形狀大小擺進剛好的桶子和層架，迎面櫃台頂上橫掛一支竹竿，專門吊掛肉乾豆干魷魚絲，全是她主婦式的收納巧思。

每天門前呼嘯而過的車聲、喇叭聲伴著她看店，週末不時有遊客問路去西拉雅部落，她便熟練地伸手往前一指：「這條路直直走進去就是！」

新化本是西拉雅族大目降社的舊地，漢人移居來此後，族人逐漸移往東部山

03 小小店面裡展現老闆娘布貨收納的用心。

區，唯在口埤、九層嶺一帶仍留有族人後裔。財嫂說，但九層嶺部落發展觀光是西拉雅「正名」後的事，以前在這裡做生意，用閩南話講「番仔火」，部落的人聽了會不高興，「我沒有針對他們的意思，但那時公公就教我要改講『火柴』。」

現在沒有那層敏感了，近年部落裡不時有建設工程，進部落做工的人都會先在路口她的店「款貨」（採買東西），補好酒、飲料和罐頭帶進去。雖然在地人口外流，但路過光顧的觀光客和工人變多了，「無做生理無彩啦！」（不做生意可惜啦！）她爽快地說。

買了幾十年的熟客，更是習慣來找她。一位騎機車的大叔停在門口喊要一箱統一肉燥麵，財嫂明講，整箱的在新化市區商店買比較便宜喔，「我遮貴一點仔。」（我這邊貴一點。）「差多少？有差到三十塊嗎？」財嫂頭一撇：「無啦。」大哥也阿莎力：「按呢敢有差，我無咧記遮啦。」（這樣哪有差，我沒在記這個啦。）

04 歷經半世紀的屋頂竹管依然完好。

識得國小全校幾十個學生

附近能跟這間店比老的地方，就是對面百年歷史的口埤國小，從日本時代公學校沿革至今，現轉型成發展西拉雅文化的實驗小學。校園矮牆繪有西拉雅紅黑白三色圖騰，操場草地上的足球賽正熱烈進行著，誰射門了，恐怕財嫂遠遠一望都叫得出名字。她說以前還沒有校車時，孩子放學後常成群湧進她的店，有來躲雨的、有等不到爸媽來借零錢打公用電話的，全校四十幾個學生她幾乎全認得，學校「愛心商店」招牌頒給她不是頒假的。

儘管還沒退休，但她眼前生活最大的寄託，已經從做生意轉成店裡遊戲床裡咿咿呀呀的小嬰兒，「以前我愛賺錢，現在喜歡玩小貝比，簡單賣就好了，店愛開就開，愛關就關，女兒有空就一起帶孫子出去玩，客人來發現店沒開，還會碎碎念。」

時近黃昏，女婿在門外逗玩小嬰兒，忍不住揮拍蚊子，財嫂拿出艾草在小瓦爐上燒著，「蚊香的味道太化學，我不喜歡。」談到孫子她總是笑得很開心，至於鄉下和城市哪裡比較好？財嫂早已不想那些了，現在能對孫子好的，就是最好的生活。

01

農村

三輪車少年的回鄉路

西庄的明山商號

店家地點　台南 官田

創立時間　一九六一年（二〇二〇年歇業）

民國四十年左右，少年家阿山獨自離鄉背井，在台北騎三輪車賣煤炭。每到天暗時，他細瘦的雙腿愈踩愈吃力，但想到上一份工做豆腐，每天凌晨三點就被頭家挖起來推石磨，比這還艱苦，他又咬緊了牙關。

當時他還不知道，幾年後他會回西庄老家開一間雜貨店，更沒想到，附近的孩子裡，有一個後來居然在台北當上總統，轟動全村。

◇◇◇◇◇◇◇◇◇◇

西庄出了一個總統陳水扁，阿山伯的店離阿扁老家走路不過五分鐘。這棟阿山伯五十多年前蓋的平房，牆是磚砌的，屋頂用一根根竹子搭起來，現在這些「竹管仔」繫上繩子或鐵絲垂掛包裝袋，走道被商品擠得只容一人走動，若沒稍微彎著身，頭頂還可能被肉乾或花生掃過。

不知是否因長年在矮厝裡顧店，八十歲的阿山伯背駝得厲害，然而這駝背的身影和他臉上溫和的笑容，對村民來說，都是一種再親切不過的依靠。

01 舊時點滴猶不時閃現在阿山伯的腦海裡。

02 明山商號位在三岔路口。

03 竹管屋頂與玻璃木櫃等俱是時間的證據。

少年家獨自到台北打拚

算起來，阿山伯開店那年阿扁十一歲，或許他曾到店裡買東西，但回推這個總統囡仔剛出生時，少年阿山還遠在台北「踏三輪車」——他用閩南語講「踏」字時，更讓人感覺那一腳一腳踩動大車輪的費力。

阿山伯說他家裡窮，從小吃番藷簽稀飯配醃胡瓜長大，爸媽又過世得早，他小學畢業就要出外討生活，當時先到台東找熟人，十四歲那年又自己坐火車上台北。小小年紀會怕嗎？「袂啦，古早人哪會驚，這馬人較軟汫，哈哈哈。」（不會啦，以前的人哪會怕，現在的人比較軟弱。）他用笑聲帶過複雜的心情。

六十多年前的台北，他第一印象是後驛（後火車站）有上百間職業介紹所，後來他找到送「練炭」的工作，「彼時一杯冬瓜茶五角，一個月薪水三百，第一個月予紹介所三十元……。」他用閩南語講的練炭即日語「れんたん」，是從早期煤球改良而來的「蜂窩煤」，無煙、好點火，圓柱體上打好幾個通氣孔像蜂窩一般，在店家中很通用，尤其剃頭店每天燒水用量大，當時他住在雙連

03

一帶做炭的外省老闆家，每天騎三輪車載著滿滿幾十顆練炭，沿街向剃頭店兜售。

他記得當時路上還有鐵支路，不遠的圓山有座動物園，但直到幾年後回西庄，他都沒進去看過那隻很有名的大象。

不過幾年後，他再度北上進城，這次是被分發到台北南勢角的秀山營區當兵，他尤其記憶鮮明那年雙十節，全營帶隊去總統府，穿上軍裝的他站得筆直，竟然親眼見到了「老蔣」……每當講到總統，阿山伯心中想的不是鄰居小孩阿扁，而是永遠的老蔣，「老蔣足嚴喔，彼時警察嘛足歹，做賊會予打甲無人敢。」（老蔣很嚴喔，那時的警察也很兇，當小偷會被打到沒人敢。）頭髮稀疏的他咧嘴笑：「所以暗時門攏毋免關，無賊仔，哈哈哈。」（所以晚上門都不用關，沒有小偷。）

他在台北當兵時，還遇上一九六〇年美國總統艾森豪訪台的空前盛事，他念念不忘當時的盛大場面和那魁梧的外國人身影，和踩三輪車一樣，是他這輩子走過最遠、印象最深的記憶。

回鄉起厝開店過田邊生活

退伍後他離開什麼都「貴參參」的台北，回村裡選了一個三岔口起厝開店。雖然窮，但他說開店沒什麼，「草地嘛，無錢就佮親戚借一下。」（鄉下嘛，

04 菱角、老狗與靜巷是西庄尋常景象。

沒錢就跟親戚借一下。）一開始他這頭欠批發商貨款，那頭還是得給客人賒帳，「但古早人較古意（老實），土豆、甘蔗糖賣掉攏會來還錢。」

早年他都騎腳踏車去麻豆補貨，車上架根竹竿、掛兩個竹簍搖搖晃晃，後來怕被警察抓才改騎機車，「是Suzuki鈴木也是（還是）川崎的？」他喃喃念了很久還沒想起來，又轉進屋裡，幫客人秤一包糖。倒是他忽然記起阿扁的太太吳淑珍爸爸吳崑池在麻豆當醫生，那時如果村裡有人生病去麻豆請他來，「伊攏騎足大台的機車來遮。」（他都騎很大台的機車來這裡。）

外面的總統不知換過幾輪，阿山伯的店半世紀來卻幾乎沒變。唯有一次河水淹到西庄，他用閩南語描述大水滾滾湧進來的聲音「沐沐叫」（bók-bók-kiò），店裡食物全泡爛了，只好丟光光。現在他頭髮白了，背駝了，幫客人拿飲料的

05 淳樸村落曾因為出了一個總統而聲名大噪。

腳步也慢了，但來買東西的鄰居還是不少，騎車的直接停在門口喊聲要什麼，便等著，也不催他。

官田有菱角故鄉之名，當地農民在肥沃的嘉南平原上，引進烏山頭水庫密布的渠道灌溉，水生的菱角盛產，西庄每到秋天菱角季更吸引不少遊客駐足葫蘆埤邊，欣賞採菱、白鷺鷥與落日美景。時值收成近尾聲的十二月，村裡仍處處可見阿桑蹲坐老厝前剝菱角的景象，村子外的水田，許多頭戴斗笠、身穿青蛙裝的身影半埋在爛泥中，久久採滿一大盆，拖上岸裝袋，一上午以來，田邊已是一袋袋撐鼓了的菱角。

阿山伯顧店時，阿山嫂便坐在側門外埋頭剝著一大簍菱角。側門正對他們隔壁住家的廚房後門，近午她入內煮好飯，不停催促：「莫閣講啊！食飯啊！」（不要再講了！吃飯了！）阿山伯邊說邊往側門走，突然宣布店要收了，直說清完店裡的貨，「我就欲焉阮老仔四界去遊覽。」（我就要帶我老伴四處去遊玩。）

05

老伴從沒出過遠門，想帶她去哪裡？「去台北啊、台東啊……。」終歸，他想回去那個少年夢的所在，把那個年代曾經見過的，和已經忘記的，都帶著阿山嫂再重新走一遍吧。

01

部落

跟阿立母說心內話

吉貝耍的誌成商店

店家地點　台南 東山

創立時間　一九七〇年

吉貝耍人都聽過這則「阿立母接炸彈」的傳說——中日戰末，美軍常轟炸附近一座運送灌溉用水的鐵桶橋。某天，少年在橋下牽牛吃草，忽聞警報響起，戰機已迫近上空，他趕緊低頭祈求西拉雅族的守護神「阿立母」保佑。千鈞一髮之際，竟見一尊婦人現身空中，撩起身上白裙接住落下來的炸彈，扔向遠方……。

這個神蹟瞬間傳遍吉貝耍，連三十多年後從嘉義嫁過來的麗花姨，都能生動地講了又講。

吉貝耍部落裡多是矮舊磚房，但道路鋪得齊整，拜神的大小公廨（西拉雅族的祭祀場所）也修得很新穎。雜貨店前的大樹下，阿婆專注顧著柴火，每隔一會兒掀蓋攪拌，炊煙便撲面而來，如此反覆幾小時，一鍋流動的米漿漸漸凝結成粿。

每天清晨五、六點是店裡最忙碌的時段，門口攤車前坐滿吃早餐的人，除了阿婆古法製作的花生粿，還賣粽子、豆菜麵、抓餅、三明治等，阿婆和兒、媳三人總是忙到大家吃飽上工去了，兒子才出門上班，婆媳緩下來顧店，之後輪流午休，直到晚上十點關門。

01 麗花姨從嘉義嫁來東山，歷經在地四十多年變遷。

02 門前沒有招牌，店內擺滿日常貨品。

03 阿婆是西拉雅原住民，當年與丈夫為了生計開店。

早一步漢化的平埔原住民族

吉貝耍屬西拉雅族蕭壠社群之一，地名源自西拉雅語「kabua sua」，意為這裡早年種滿的「木棉花」。部落的人多世代務農，幾步路外就是原野稻田。這天下午，阿婆坐守柴火的背影不動如山，媳婦麗花姨腳穿紅白拖打點裡外，一邊接下老人家沒回答的所有問題。

她說公婆都是當地西拉雅原住民，但西拉雅漢化得早又徹底，吃穿等生活習慣幾已無不同，婆婆也不會講族語了，當地人和她嘉義娘家一樣都說閩南語。

這間店是公婆婚後所開，最早只是茅草鋪頂的簡陋竹管仔厝，除了從白河補貨的零食商品，也賣自家種的菜、去新營魚市場批的魚貨。孩子還小時，一家人全擠在店裡閣樓上睡，晚間家家戶戶點了臭油（或稱番仔油、煤油）燈，聚在門口聊天。

麗花姨笑說，以前這裡都嫁同庄人，「沒在外流，都說醜的才會嫁

03

SANYO

檳榔
台灣啤酒

04 誌成商店與黑瓦、大葉欖仁相依存。

05 婆媳一早即在店前忙著自製與販賣多種傳統吃食。

出去。」那她又怎麼嫁作西拉雅媳婦？「就佮意去佪兜食飯啊！」（就喜歡到他家吃飯啊！）這也許是麗花姨對於「愛著了」的另一種說法，她滿臉笑意地說，當時先生在嘉義農專念書，跟人借了台「八十仔」（八十ＣＣ的摩托車）騎上路，「他車不熟，我就看著這個人直直往我撞過來！」這一撞撞出火花，年過半百的她說起來還好新鮮。

大葉欖仁下的悠靜人情味

婚後她陪婆婆顧店，分擔她長年照顧臥病公公的辛勞，公公幾年前過世，婆媳相伴的小店歷經四十多年歲月變遷，屋頂已換成黑瓦連接波浪板，外牆是紅磚拼貼鐵皮，門口兩棵大葉欖仁枝葉舒張，篩下亮晃晃的陽光，店外依然沒個招牌，是大家口中「樹仔腳的店仔」。

偶有老人電動輪椅滑過，樹下幾把塑膠椅，每隔一會兒就有人默默坐上去，喝罐飲料抽根菸，或什麼也沒買，安靜發個呆，再牽著腳踏車緩緩離去。

05

06 公廨中用檳榔祭拜以瓶插澤蘭葉作象徵的神靈力量。

麗花姨歪頭想了想，說不出當地生活明顯的變化，現在自家收成的青菜、竹筍仍擺在門口賣，只記得以前店裡最好銷的是紅色瓶身的白木耳罐頭和津津蘆筍汁，「因為日頭跤作田，火氣大，想欲食退火。」（因為日頭下種田，火氣大，想要吃了降火氣。）地上堆疊塑膠箱裝的回收玻璃矸仔除了台啤，還有一種鄉間流行的褐色飲料罐，則是「農民噴藥仔，感覺啉這較顧肝。」（農民灑農藥，感覺喝這個較顧肝。）

不變的是初一、十五店裡仍固定要包檳榔給大家拜阿立母，她解釋這裡的包法是把荖葉包在檳榔內，和外地荖葉包在外面不一樣；農曆九月初五夜祭時，婆婆還會做「dubi」（以香蕉葉包裹的麻糬），一樣祭拜用，每年做多少斤 dubi 就看今年夜祭有幾頭豬。

神祕夜祭傳統引來顧客人潮

信仰是西拉雅族人生活中最重要的事，一年一度的夜祭傳統籠罩神祕特殊氣氛。儀式從九月初四夜裡十一點的「獻豬」揭開序幕，深夜的「牽曲」是高潮，

07 柴燒的花生粿隨著蒸騰熱氣散發出香氣。

十幾個婦人身穿白衣，牽手圍繞在公廨前的廣場吟唱，曲調悽切如泣如訴，初五天亮後的「嚎海」則是在通往海邊的路上遙祭祖靈。

「以前這裡人不喜歡被叫『番仔』，現在不一樣了。原住民正名運動以後，說自己是『西拉雅』有了另一種意義。」她介紹當地的段洪坤老師從十多年前積極推廣西拉雅文化，她也跟著去部落的媽媽教室學唱夜祭牽曲。

現今吉貝耍是全台西拉雅部落保存最完整阿立母信仰傳統文化的部落，每年舉辦夜祭時都會湧進大批師生和觀光客，人潮往往也聚集到這間大樹下的雜貨店，試嘗西拉雅檳榔、喝個涼，親切的在地媳婦麗花姨讓人感到沒有隔閡。很多人連續幾年來參加，總會到店裡找她打招呼，她不只跟文史老師一樣能侃侃解說，也惦記著這些外地朋友這一年來過得如何，就像熟悉的鄰家阿姨。

從在娘家拿香拜拜，到嫁過來改敬阿立母檳榔、祭拜時含一口米酒噴灑空中，麗花姨很入境隨俗：「沒什麼不習

07

慣啊，我孩子小時候也會給『尪姨』（部落裡主持祭儀的女巫）收驚。」

儘管阿立母不像漢人信仰的神明有具體形象，而是用壺或矸仔插上澤蘭葉為象徵，祭拜的是壺裡的神靈力量，但麗花姨用閩南語喊「阿立母」時，就像稱呼家裡長輩一樣親切，「有代誌就佮伊講，請伊幫忙。」（有事情就跟祂講，請祂幫忙。）比如她丈夫不久前脊椎開刀，住院前她先跟阿立母祈求平安；有次兒子做工程不順，在家悶悶不樂，去公廨拜過阿立母後，果然就順利了。

在部落的信仰中心大公廨裡，祭壇的祀壺前總是堆了一座小小的檳榔山。想必，在每粒檳榔裡，都包藏著部落族人的心願，包括麗花姨祈求丈夫康復、年輕人求事業順利，以及阿婆這輩子很少對人說出口，只在這裡默默對阿立母傾訴的心內話吧。

03 雜貨考

柴米油鹽 鎮店之寶

所謂「開門七件事」柴米油鹽醬醋茶，也是雜貨店開門做生意的鎮店之寶。在食品產業興起之前，這些家庭吃食所需多為手工製作、在地供應，沒有琳琅滿目的各家廠牌，舉凡米、油、醬油、雞蛋等多是散裝零賣，商品品質好壞，端看老闆的挑貨眼光了。

◇米

農村裡的雜貨店早年並不太賣米，因農家多自己種稻，稻穀收成後拿去「米絞仔」（碾米廠）脫殼成糙米、或再碾成白米，留下自己吃的「伙食穀」，其他的由米絞仔收購，直接零售或批發給米行和雜貨店。

更早期的碾米廠又稱「土礱間」，用竹片編製的「土礱」脫去稻穀，得靠人力或獸力轉動，後來才有水力驅動的碾米機，一九五〇年代後電動的碾米機普及，許多雜貨店兼營小碾米廠。

如鳳林大榮的穗興商號老闆回憶，經營碾米廠得空間寬敞挑高夠，而他家倉庫屬於「散倉」，稻穀未裝袋直接堆放地板上。

大約一九八〇、九〇年代後，碾米事業財團化，產能驚人的新式碾米機可從烘乾到碾米、分級分袋一貫作業，傳統碾米廠逐漸式微，超市的袋裝米也成了現代人買米的新趨勢。

01

◇油

炒菜用沙拉油其實沒那麼理所當然，在沙拉油進入現代廚房之前，台灣人大多自家炸豬油，或用芝麻、花生榨油，傳統木造械式榨油機稱作「油車」，因此榨油廠稱「油車間」，台灣許多「油車」、「油車口」地名，便緣於當地早年榨油行業興盛。

油車間最早是農家的副業，大家拿著自家種的芝麻、花生去榨油，油車間只收工錢，後來才漸發展成專業的工廠。

02

03

戰後，美援輸入大量黃豆，帶動黃豆油生產，市面上除了最大宗的花生油（閩南語也稱「火油」），也出現了加入黃豆油等較便宜油品的「調和花生油」。

此時雜貨店仍多向鄰近油車間、油行、小油廠等進成桶的油，抽到店裡的小桶後零賣，但因沒有廠牌，有時某間油行原料不佳、味道不純，客人會直接反應，也影響店家下次的進貨選擇。

一九七〇年後，以黃豆為主要原料、溶劑提油的沙拉油才開始盛行，成本低而效率高的大型油廠興起，而有今日大家熟悉的各品牌包裝油品。「沙拉油」源自日文「サラダ油」，「サラダ」音「沙拉」，一九二〇年代日本「日清沙拉油」的創辦人因為歐美都用這種油和醋拌沙拉而取名，閩南語也叫「白絞油」。

◇醬油

至於台菜料理不可或缺的醬油，早年貧窮人家也買不起，家中菜色不是簡單灑鹽，就是用黑豆自釀少量醬油。日本知名老牌龜甲萬，百年前就隨著日本統治者登台，到一九二〇年代市占率高達日本進口台灣醬油的五成，大里楊勝昌商店當時店內便有賣，但老闆明言：「很貴，大家族才買得起。」

台灣民間將黑豆煮熟長出麴菌、加鹽在甕中發酵的釀造古法，源自於大陸，日本人則在台引進黃豆加上小麥的「豆麥」醬油製造法，醬油漸從家庭釀造走向產業化，其中台灣人經營的金蘭醬油創於一九三六年，名氣響亮至今。

戰後，各地醬油廠林立，一九四五年成立的萬家香便系出龜甲萬，創辦人曾任龜甲萬業務員，他獲得過去擔綱台灣龜甲萬總經理的黃鐵支持，研發出這款「萬」字招牌的醬油。接著一九五六年味全醬油、一九七二年味王醬油陸續上市……。但除了這些大廠，許多老雜仍賣在地老牌，比如苗栗的丸光、彰化的新和春、嘉義德和店的雞標、花蓮的振馨美鹿標和新味虎標醬油等。

在尊崇「古法釀黑豆醬油」的醬油重鎮雲林，老店則各有所好，土庫豐村行賣在地的太陽牌日新醬油，莿桐合成商號老闆則偏愛西螺的大同、三珍醬油。其他如台中的東泉辣椒醬、從台南流行到屏東的白兔牌烏醋、屏東的金松辣椒醬等，都是架上不可或缺的老字號。

早年雜貨店多直接載回木桶裝的醬油在店內零賣，後來改用深褐色、乃至透明玻璃瓶。老雜和老廠之間的生意交情，也往往延續好幾代，保有舊時的人情味。

◇鹽

台灣自明清時期便有鹽民曬鹽，清末至日本時代，鹽和菸、酒一樣被列為專賣，戰後雖取消專賣，但政府仍管控鹽務的產銷，由台灣製鹽總廠（台鹽）統籌生產、台灣省糧食局承辦銷售，不脫專賣或國營色彩。雜貨店須透過各地農會申請「鹽牌」才能賣鹽，我們在少數老店見過寫有「台灣省糧食局指定零售商」字樣的「食鹽」吊牌。當時鹽多向農會領取，不過大里楊勝昌商店老闆則說，戰後初期當地的食鹽總經銷由地方政治勢力把持；當時大里鹹菜產業興盛，粗鹽用量大，「有鹽牌的店生意好很多。」

這裡所指的鹽是曬鹽所產的「粗鹽」，來自台灣西南海岸的鹿港、布袋、北門、七股、台南與高雄等六大鹽場。二〇〇二年最後一個鹽場七股結束曬鹽，台鹽轉型民營公司，從此台灣的鹽田走入歷史，不再產鹽而轉作觀光，現僅通霄精鹽廠生產精緻食鹽。

◇味素

味素走進台灣家家戶戶的廚房裡，堪稱是飲食時代的一大里程碑。二十世紀初，日本品牌味之素（日文味の素）推出一款前所未見的「味精」調味料，鮮味迷人，上市沒多久便跨海風行於台灣，「味

素」則隨著品牌深入人心，成為味精這項產品的代名詞。

戰後，食品廠如雨後春筍般冒出，味丹、味全、味王等以味精起家的品牌恐怕都想沾點「味」字的名氣。細數台灣曾出現過的津津、全王、大王、味力等味素牌子多不勝數，連方盒包裝都如出一轍，用色偏愛大紅大黃，長期占據雜貨店貨架上的顯眼位置。老牌金罐子的味之素依舊在台販售，但因不敵眾多品牌競爭激烈，早已讓出銷售龍頭位子了。

◇火柴

現代人可能一年都用不上一根的小火柴，三十多年前卻是雜貨店不可缺的民生必需品。舊式瓦斯點火、抽菸、燒香都要捏根小火柴棒畫一下，加上公賣局買菸就送火柴，台灣約一九七〇年代極盛期有六十多間火柴工廠。直到打火機崛起，而且愈賣愈便宜，甚至買檳榔都送打火機，火柴廠因此一間間倒閉。二〇一二年位在台南的最後一間「勝利」火柴工廠吹熄燈號，台灣不再生產火柴，目前在雜貨店買到的多是大陸進口了。

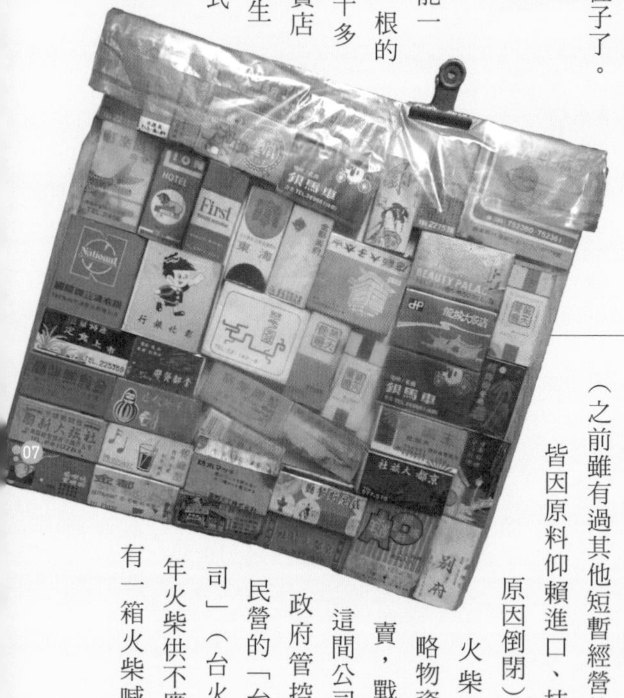

台灣自製火柴始於一九三〇年代總督府支持成立的「台灣燐寸株式會社」（之前雖有過其他短暫經營的火柴廠，皆因原料仰賴進口、技術不足等原因倒閉）。二戰末，火柴被視為戰略物資而收歸專賣，戰後改制，這間公司才又脫離政府管控，改組為民營的「台灣火柴公司」（台火），在早年火柴供不應求時，竟有一箱火柴喊價到一兩

黃金的奇事。

之後台火產量年年升高，推出的狗頭牌、自由之火、寶島、黑貓、PARADISE新樂園英文版等火柴，都流行一時。曾有一說：「北部人愛用PARADISE新樂園，中部人喜歡自由之火，南部人偏好狗頭牌。」其實內容都一樣，只是商標圖案不同。

硬紙火柴盒曾是許多人的收藏珍品，在飯店、銀行、美容院等各式商家愛用火柴盒當廣告名片的年代，每一小方盒更是設計的競技場。而火柴頭「藥頭」的配方也是祕訣，有的廠牌易受潮，一遇雨就點不著，優劣立見。

如今雜貨店賣的火柴是便利商店沒有的老物了，老闆還賣，不為別的，就為了方便用不慣打火機的鄰里老人家啊。

03

雜貨考｜圖錄

01 多種米糧
02 各色醬料油品
03 地方物產苦茶油
04 老雜與時俱進兼賣東南亞醬料
05 食鹽牌
06 味の素
07 各式古早火柴盒

輯四

4

行旅南方

高雄・屏東

新北勢的坤協盛商店——客家庄的巴洛克風華

保力的振益商店——洋蔥田間的回鄉女兒

中興村的酉山商店——想我村裡的南北鄉音

紅柴坑的界順商店——柔情鐵漢的跳海人生

神山的神山商店——蜿蜒山路上的愛玉果

玉環新村的玉環商店——從大陳島飄浪到維也納

雜貨考：主婦的心頭好

市街

客家庄的巴洛克風華

新北勢的坤協盛商店

店家地點　屏東 內埔

創立時間　一九二三年

人高馬大的阿海伯坐在小店裡，被滿滿的商品包圍，穩如泰山。他確實也是地方居民買東西與辦貨的最大靠山，「我這個人雞婆雞婆的，常參與地方事，跟大家相對有感情。我的獨到之處，就是讓人家進你店，感覺賓至如歸。」

◇◇◇◇◇◇◇◇◇◇◇◇

關於老店的經營祕訣，七十多歲的阿海伯最常講的口頭禪就是：「要有獨到之處。」畢竟他所繼承的「坤協盛」百年老洋樓象徵著上個世代的風華，但營業至今，必須力求轉型。

內埔以客家族群為主，豐田村人仍習慣以舊名「新北勢」指稱當地。日本時代實施市區改正計畫，在廟前現稱新中路的兩旁蓋起成排和洋式街屋，雜貨店、吳服屋（專賣和服的商店）、藥房和醫館林立。如今昔日絢麗的招牌樓宇多已歸於平淡，唯獨國王宮旁的坤協盛，依然每天交易熱絡。

01 坤協盛的巴洛克式山牆依然醒目華麗。

02 阿海伯身形魁梧，經營老店亦富精神與氣魄。

延請福州師傅打造摩登洋樓

這棟醒目的兩層洋樓，是當時經營染坊的阿海伯祖父延請福州師傅所建，阿海伯說，外牆的紅磚是靠石灰加海菜粉黏著，屋內樑柱則用福州杉，至今都還很牢靠；立面上高高突起的巴洛克式山牆鑲著「坤協盛」名號，由兩隻黃獅左右烘托，頂端還有店名的英文拼音，在當時可謂相當摩登。

一九二三年這棟新屋落成，父親開始雜貨事業，「我們家也算書香世家，一半是公教人員，沒有所謂紈褲子弟，所以能歷久不衰。」阿海伯說，「但別以為雜貨店很簡單，買賣而已，說接就接啊？要有耐心，窩得住店裡，不厭其煩跟客人解說；還要有體力，能應付批發送貨。」說完，他寬厚的臂膀左右各提起一桶近三十斤的油，毫不示弱。

阿海伯在家中八個小孩排行老么，幼時輪不到顧店大事，但兄弟姊妹們常比賽糊「紙橐仔」（紙袋），幾雙小手先用麵粉、太白粉加醋煮成漿糊，再把全開的紙裁開，黏成開口大、底部小的三角形袋，「店裡賣東西連袋子一起秤，外面批來的紙袋常加石灰增重，我家實實在在，從不用那種紙。」

當時店內商品大多由父兄騎腳踏車去屏東批來，更高級些的舶來品則得到國際大港所在的高雄進貨。以前一般人家吃不起的日本明治奶粉，他家就有賣，但他的童年沒有因此比較奢華，遊戲也跟村裡孩子一樣，「淹水時，我們最愛用墊板做成船的樣子，底下塗牙膏，放到水上飄。」

03 各色吃食與用品堆滿店內，反有種尋寶趣味。

憑半生歷練整頓家鄉老店

雖然身為老么，「但我從小獨立。」阿海伯強調，他小學五年級就離開內埔到屏東市區上學，畢業後遠赴台北考初中，直到成年後也在台北從事貿易工作，約莫二十年前，因父兄們都已年邁，才回鄉接手老店。

從大城市回歸鄉里，他嘴上說「隨遇而安」，卻憑大半生在外的見識來整頓老店。首先砸錢為老屋做擋水設備，裝設深水馬達和管線。談到內埔過去常淹水，飽受水患之苦的居民屢向政府申請補助修繕，他則拍拍胸脯：「我一毛錢都沒申請過，要讓政府預算給真正需要的人，我花自己的錢也心安理得。」

「開源節流，童叟無欺，服務至上。」是他經營的金科玉律，因此除了雜貨店基本買賣，他還兼婚喪喜慶的採辦，傳統客家婚俗應備的酒甕、香菸、金香炮竹、餅乾糖果和各式罐頭，或完墳（墳墓建造完成的儀式）如何祭拜、喪禮的橫屏輓聯，「我都了解習俗，備有資料，馬上能辦。」

店內架上、桌上、懸掛的各色商品滿坑滿谷，窄仄的通道僅容一人通過，看似尋常小店，殊不知內藏貨品之精深，店後挪用來充作倉庫的地方，共有老夥房的七、八個房間，「每一間要靠對講機聯絡，業務員送貨進來常常出不去，會迷路的！」阿海伯把過去的貿易長才發揮在鄉間小店，空間時間都不浪費，「人家 seven eleven，我是 six eleven，早上六點開到晚上十一點，全年無休。就犧牲享受啊。」他顯然樂在其中。

雜貨店來客百樣，他跟老一輩講日文，遇上閩南人能說閩南話，當地來了許多菲律賓、印尼新住民，他也通英文，「我閱歷夠、貨源足，加上能說對方的語言，無形中就拉近距離。」他言談中滿是自信，連村裡老人會辦活動要發送贈品，也找他承辦，店務日益繁雜，他回鄉掌店不久，擔任護士的太太便辭職在店裡幫忙。

店裡沒幾分鐘就有客人上門，從柴米油鹽到五金玩具，他總能快速俐落地找到對方所需；至於店裡上百種菸，「進來的人抽哪一牌，我都記得起來。」隔壁自助餐店跟他買油鹽醬料，「我都主動去店裡看，快空了就自己幫他們補上，節省人家時間。」店家炊粿用的糯米紙、離型紙，他也稍做加工更符合對方需求。

是這樣的靈活細膩，阿海伯這麼一個大男人還承襲了母親做客家醃菜的絕活，客家人慣吃的醃鳳梨、醬蘿蔔、醃冬瓜等，他各自研究出綠醂（黃豆發酵製成

04 傳統老牌辣椒醬、烏醋與蔭醬一字排開，饒富地方特色。

的豆麴）、鹽、糖三者的調配比例，店內兼賣多種這類醃料，給主婦們方便。

廟埕前半世紀的熱鬧炮響

親手調製這些費事且逐漸失傳的客家醃料，只因他認為「老店就要有老店的特色」，因此架上也備齊屏東在地老牌的辣椒醬、烏醋、蔭醬等，「都是遊子返鄉最愛買的。」玩具的世界日新月異，但他仍賣彈珠、木陀螺，和新式的鐵製尪仔標「圓牌」等；十年前「遊戲王」卡牌遊戲最夯時，他店裡還出現過四、五十個孩子排隊買遊戲王玩偶的盛況，「同時也得跟上流行啊。」

村內供奉三山國王的國王宮，清代以來即是在地客家人的信仰代表，位在廟埕大樹邊的坤協盛，也依傍著國王宮度過近百年歲月。阿海伯說小時候，村裡的盛事除了過年，就是春秋兩季國王宮的「祈福」、「完福」儀式，「春季在元宵、秋季在中秋，原意是農村收割後的慶典，供桌從街頭擺到街尾，廟前演出布袋戲，很熱鬧。」

那時家家戶戶都會擺出最豐盛的菜請客、比賽閹雞大小，他猶記得全村聚在一起燒紙錢放鞭炮，「所有炮串起來響個二十分鐘不停喔！」那時店裡生意好到飲料冰桶直接擺在門外賣。現在完福儀式簡化成一年一度，由村長帶領大家在廟前一起決定日子，不再家家宴客，而是形式上

05 內埔客家夥房前曬綠酺。

的祭拜普渡，「對我們開店的人來說，這儀式就是謝天、謝地的意思。」

一上午以來客人進進出出，阿海伯忙著送貨、顧店毫不得閒，直到正午的烈陽過了，太太轉頭看了下時鐘，下午兩點，「他常忙到午餐都沒時間吃。」阿海伯依然一臉正經不喊累，「退休？目前沒這個打算，因為我還不算老！」這氣魄，恰與他魁梧的體格十分相當。

05

01

農村

洋蔥田間的回鄉女兒

保力的振益商店

店家地點　屏東 車城

創立時間　一九四六年

從綿延無邊的洋蔥田進到保力村裡，矮房與小路都安安靜靜，靠近保力國小時才見到孩子的身影。借問附近哪裡有雜貨店？他們七嘴八舌，紛紛指向自己熟悉的那一間。

果然，如果不是孩子指路，美惠姊的雜貨店就跟一般民宅沒兩樣，沒有店招，連菸酒牌都在不久前「被小偷ㄎㄧㄤ走了」，她有事外出就把門一關，老主顧都知道她何時回家。

每到冬天，東北季風沿山而下直撲屏東車城、恆春一帶，威力強勁的落山風捲起飛沙走石，卻能讓洋蔥長得又美又甜，耐風的瓊麻也因而遍布山區。

黃昏時，保力的洋蔥田被夕照染上一層迷人的金黃色，但與大部分田園不同的是，三軍聯訓基地坐落山頭，眼前風景不是伴著軍事演習的砲聲，就是軍機轟隆隆的吼叫。美惠姊苦笑：「我們村裡沒一棟建築是完整的，因為打靶震啊震，牆上都是裂痕，所以很多房子加蓋鐵皮，不然屋頂裂開會漏水。」

年近六旬的美惠姊本來在高雄當導遊，全台走透透，今年因年邁的母親摔跤受傷，她回家待了下來，

01 色澤深沉的檜木櫃閒擺著貨品。

02 原在高雄擔任導遊的美惠姊。

03 隱身尋常泥造民宅間的振益商店。

接手看顧七十年的老店。「很多人建議我把店翻新，但不要了啦，維持以前的樣子就好了。」她以導遊小姐的豪爽口吻說。

早期像百貨公司應有盡有

這間店是美惠姊的外公所創立，店裡的木櫃都是他親手打造。她說阿公在日本時代是「食日本人頭路」的木工師傅，先在嘉義當學徒，後來到高雄當領班，戰後日本老闆倉促撤台，在高雄留了很多地給他，但阿公怕之前老闆來不及付款的廠商來討錢，地都不要了，帶著阿嬤匆匆回車城老家。

鄉村不像城裡好找頭路，阿公接零工之餘，選在保力國小旁開了雜貨店，「那時學生多，店家少，生意好做。」美惠姊說難怪當時有句俗諺：「開簳仔店，穓穓（不好）生意較贏外面做工。」

03

04 牆上的小黑板以粉筆記著客人的賒帳細目。

爸爸也是保力人，早年在山上種瓊麻，收割的瓊麻送到恆春的麻繩工廠，恆春的麻繩曾經跟洋蔥一樣名震四方、外銷日本，直到後來被尼龍繩取代，瓊麻產業走入歷史，爸爸則在她小學時便逝世了。後來她家的瓊麻山被軍區收購，成了今天響著砲彈聲的演習地。

爸爸走得早，她從小在阿公阿嬤的店長大，放學後常和同學一起在店裡玩尪仔標、打彈珠，不然就拿著米篩去大圳撈蜆仔、到溪裡抓毛蟹和蝦子。「以前簳仔店就像百貨公司，從吃的到用的，除了衣服以外什麼都有！」她笑說這也是客人要求來的，比如早上阿桑經過問：「有青菜無？」阿公才開始騎著「武車」（車體堅固可載貨的腳踏車）去恆春批青菜和虱目魚回來賣；天熱時有人說：「哪無賣冰咧？」媽媽就在隔壁開了刨冰店。

沒有冰箱的年代，最流行的飲料是彈珠汽水，開始賣冰後，她記得大冰塊放木箱裡，鋪上「粗糠」（稻穀脫下來的外殼）、再包一層毛巾保冰，媽媽轉動手搖刨冰機咵呲咵呲的聲音，她現在想起來都還覺得涼呢。

05 車城連綿的洋蔥田籠罩在夕陽下。

曾有客人捧著稻穀來抵帳

她印象最深的還有好幾年暑假，營區的阿兵哥借宿保力國小教室，不時到對面她家店裡買涼的，過完一個夏天，阿兵哥都熟絡得喊她媽「姊姊」了。很多人退伍後繼續寫信來，「其中有一個阿兵哥住嘉義，對同樣嘉義人的阿嬤感覺很親切，結婚後常帶著全家來看我阿嬤，一直到阿嬤過世。」

美惠姊描述受日本教育的阿公很威嚴，阿嬤嫻靜溫柔，兩人一主外批貨、一主內顧店。媽媽則活潑愛聊天，所以店裡隨時有人坐在椅條上「開講」。村裡老人家偶爾需出門辦事，就把孫子借放他們店，那時她不僅充當小保母，每到四月洋蔥收成、農家「叫工」時，她也會去當童工拔洋蔥、釘放洋蔥的木箱，家裡常堆滿左鄰右舍送的洋蔥，她偷吐舌頭：「以前吃太多，都不想吃了！」

當年洋蔥由農會收購後「坐輪船去日本」，外銷的風光不再後，農會鼓勵保力農民轉種火龍果，火龍果夜裡需照燈，如今入夜後的閃閃亮光，有如繁星般點綴著漆黑的田園。

後來軍營裡有了福利社，阿兵哥被規定不能出營，店裡生意少了大半，再不久，店也搬來與國小相隔不遠的現址，與萬應公祠為鄰。歷經媽媽再傳到她手上，店裡日光燈照著老木櫃的氣氛沒變，喜歡保存老東西的她，留著以前存放東西的大陶甕，和牆上記帳的小黑板，至今她還用粉筆記著密密麻麻的小名和欠款，她說這不算什麼，阿公的年代，客人都等收成時直接捧著稻穀來抵帳呢。

接著她又挖出早期育才牌甘米粉鐵盒，上頭有個笑容已模糊的嬰兒圖，「這是以前沒奶粉時，母奶不夠的媽媽買給小孩吃的。」戰後初期除了美援奶粉，只有有錢人喝的日本進口雪印、森永奶粉，台灣第一罐國產的味全奶粉一九六四年才問世，因此推算這個甘米粉鐵盒的年紀比她還大了。

溫柔照看街坊老小

幾十年來，村裡人口外流，「囡仔大漢一个，出去一个」，美惠姊說這一帶都沒她這歲數的人了，只剩老人和小兒，連原本熱鬧的保力菜市場都改成一週只賣兩天，平時居民買菜則靠小發財載菜來村裡繞的「菜車」。她店裡賣的也

06 母女同在的店裡，成了鄰里厝邊平日來坐坐閒談的據點。

只剩應急用的鹽巴、醬油、麵條和餅乾等，「給老人家來坐坐，講個話啦。」畢竟以前叔伯阿姨們看著她長大，現在輪到她照顧厝邊的老人們，美惠姊圓圓的臉是長輩眼中的福氣相，不論誰上門她一定先拉開嗓門喊：「欲愛啥？」

一對才三、五歲的小兄弟搖搖晃晃進門，小聲說：「阿嬤要買……」她馬上蹲低身子接過小拳頭捏緊的鈔票，「喔我知道！」她把東西裝好慎重交給小哥哥後，又不放心跟到路邊大喊：「走邊邊！牽著弟弟！」天黑後，有個滿臉通紅的醉婦出現在門口，美惠姊用比剛剛更像哄小孩的聲音說：「今天不是喝過了？一天只能一瓶啦。」

送走客人後，她不時瞄著時鐘，好掐緊時間到店後的廚房為媽媽熱晚餐，「兄弟姊妹中只有我沒結婚，所以我回來照顧啊。」回鄉似乎理所當然，就像對老店的感情，她說不出刻意感性的話：「還好啦，就是靠這間店、跟媽媽做點臨時工，我們小孩就這樣長大了。」

老店做不了大生意，但老屋老物保存了過往的記憶。近來有劇組借這間店拍戲，老店變身變戲劇場景，她也順其自然。如同她現在扮演了村裡那個永遠的女兒，照顧著自己和別人家的老母親老父親，畢竟放不下，回家，便也不需要理由了。

01

眷村

想我村裡的南北鄉音

中興村的西山商店

店家地點　高雄　六龜

創立時間　一九六九年

「八八風災的時候，好多人跑進我們村子裡躲，因為這邊地勢比較高。」牛姐說起二〇〇九年重創南台灣的莫拉克颱風，景象還歷歷在目，「風像洗衣機一樣攪，雨像用倒的，好可怕，但我還是有開店，那個晚上，大家都聚到我這裡，店裡所有東西都被掃空了！」

當時橋斷了，路也斷了，很久後才恢復。「但做生意的超厲害，送貨的批發商不知怎麼轉的，兩天後就把車開進來了。」牛姐說，但有家專做山上雜貨店生意的廠商虧很大，店都被淹了，帳款也收不回。

與風災回憶對比，眼前一片風平浪靜，圍牆上的彩繪被太陽曬得發亮，筆直交錯的小路綠蔭成林。近年村裡還興起單車旅遊，農民種出的「台灣第一棵金煌芒果樹」已成觀光景點，但牛姐回憶小時候初來乍到，「這裡是一片荒地耶！」她高高揚起了尾音。

01 酉山商店立於中興村巷口已約莫五十年。

02 從退伍陸軍上校父親手中接下雜貨店的牛姐。

原是退伍榮民的屯墾區

位在荖濃溪河階台地上的中興村，是一九五九年左右政府為安置退伍榮民所設的屯墾區。牛姐的父親是退伍陸軍上校，二十多歲志願從軍，第一仗打的就是盧溝橋戰役，之後一路打仗，結了婚，跟著國民政府來台，八二三砲戰前一年從金門退伍，三年前以百歲高齡過世。

當年牛爸爸退伍後，在苗栗從事養蠶紡織業，兒女相繼出生，牛姐約小學一年級左右搬進中興村。她回憶爸爸常說：「一個家沒錢沒關係，但一定要有地。」因此當時被退輔會分配到這個墾區，爸爸便趕緊跑來蓋好房子，再把全家帶過來。

那時真是來「開墾」的，她指著門前整齊的院落說：「以前全是大石頭和草耶，一開始也沒水，要去外面挑。」村民多務農，作物由農會收購，她家種過稻子、香蕉、花生和玉米等，那時各家換工，誰家收割就去幫忙，收成的稻子在自家門前「曬坪」上曬。她記得爸爸總是推著腳踏車走過一座搖搖晃晃的吊橋，把當季的收成送到六龜農會去。有年因梅雨，花生全發芽了，「害我們吃了好久的炒花生芽。」她苦苦地說。

她上高中後，爸爸因某次上山採樹皮，不慎被吊車懸掛的木材打傷腳，無法下田才開了這間雜貨店。倏忽半世紀過去，店面從當年的鐵皮屋改建成水泥樓房，她則在約二十年前禁不住爸爸一再勸說，帶著小孩從高雄回家接手。

但當年她一回來，可是被眼前景象給氣得生煙，她又怒又笑說，老父親鎮日坐店裡沉迷下棋，放任孩子們奔進奔出拿零食，根本不把錢放心上，「外面小孩都流傳，來這裡吃喝不用錢！」有些大人甚至明目張膽把整箱皮蛋、米酒抱走，她只好狠心裝上監視器，也重新挑選廠商，進了洋菸、鮮奶等新商品，打下這間店的新基礎，如今店內玻璃明亮，磁磚刷得淨白，展現了牛姐的持家風格。

台灣早期眷村生活的痕跡

儘管嘴上說抓賊，她還是把成排糖果罐大方擺在門外，兩個相偕來買零食的小朋友笑嘻嘻跟她打招呼；門口安了一台電動遊樂座，一投幣，國、台語兒歌輪番迴盪在安靜的村內，「哎呀，我很喜歡小孩子啦。」牛姐笑。

談到生意，她則直嚷「現在競爭好激烈」，不僅鄰近的7－11和農會超市「搶很兇」，還有個村民在村子外的大馬路上開店，卻常開著小發財載商品進村裡賣，「但村裡人如果炒菜臨時缺個大蒜醬油，半夜想喝酒、吃泡麵，或怕老遠從外面買雞蛋進來會磕破，就到我這兒買比較方便。」

然而，她也不是沒興過關門念頭。去年真的把店一丟，跑去紐約探望女兒孫子，結果她不識字、不會用計算機的八十歲老母親，竟拿出算盤，每天認真顧店直到她回來。看見媽媽的捨不得，她也柔軟了，「唉，在紐約兩個多月很想家耶，還是家裡好。」

這天牛姐忙著過年

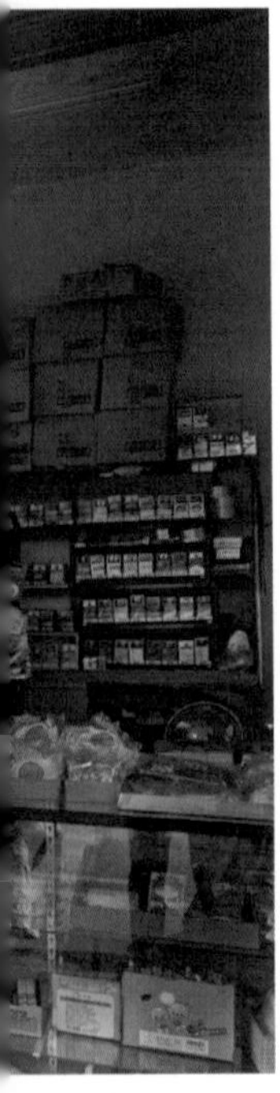

03 批發商大哥與牛姐已培養出合作默契。

前的大掃除，熱得兩頰緋紅，一邊和在屋裡的媽媽應答，母女高聲交談時帶著濃厚鄉音；一會兒，來買東西的原住民婦人脫口而出閩南語，她則自然切換中文笑答。

如果不是這間店，十八歲離家的牛姐，也許沒有機會像這樣重新看著她成長的村庄。她細數村內從最早的黑瓦木造平房，到開放房屋買賣後加蓋成一棟棟水泥樓房，隨著第一代凋零、第二代離鄉，如今原住戶已剩不到一半，不少山區的排灣族人移居進來，中興村已成中文、客語、閩南語、原住民族語交錯的小熔爐了。

望著圍牆上大大的「復國中興」舊標語，牛姐腦海浮現童年時，她和弟妹常圍坐在家裡的小黑板前，聽爸爸講征戰南北的軍旅生涯，與《三國演義》等充滿忠義情操的故事，如今她全理解了：「我爸是忠貞黨員啊，晚年他看到新聞

04 成排塑膠罐裝糖果最吸引小朋友目光。

對連戰、馬英九的批評，還會寫信鼓勵他們。」

爸爸出生於河北濮陽（現濮陽歸為河南），媽媽是山東人，她回憶幼時眷村裡可熱鬧了，有河南、東北、四川、浙江和穿著黑底花衣的苗族人，「我在苗族同學家裡喝過一碗熬得白白的湯，喝完同學才告訴我，那是蛇湯！」每逢過年爸爸昔日的下屬紛紛來拜年，家裡包的餃子真藏有銅板，孩子們全聚在外頭放炮，有次竟射進竹林，空心的竹管砰砰砰爆炸一樣，消防車都開進村裡來了。

大江南北薈萃的記憶點滴

以前物資缺乏，雜貨店不像現在有琳琅滿目的商品，「比如媽媽會炒花生榨花生油，自己炸豬油，洗衣服就到下面發電廠的水溝、摘無患子樹的果實當肥皂洗，也很少買糖果，都在田裡採野果、摘芭樂吃。」

每逢週日，媽媽便帶著全家小孩到附近天主堂或長老教會做禮拜，跟那些國台語精通的修女和牧師領奶粉、麵粉和衣服。那時商店不多，還有一種開進村

05 中興村一隅。

裡的腳踏三輪車，兜售鍋碗瓢盆和糖果等，「小孩一聽到車子來的搖鈴聲，就嘩地衝上去！」她尤其期待「爆米香」車到來，小孩拿好自家的米去排隊，等著砰一聲巨響，花生糖把米裹成甜滋滋的爆米香。

一下午的絮絮叨叨，回憶愈拉愈多，她比畫著門前的空地說，一九八〇年代描繪外省老兵的電影《老莫的第二個春天》在這裡借景開拍，她家妹妹還去扮演路人呢。

回到眼前，一家批發商開著卡車送汽水來，主動要幫她上架，她卻苦惱地拒絕：「不用啦，我才知道怎麼擺方便拿。」相較於許多熱情客套的老闆娘，牛姐看似有些拘謹，但跑遍附近鄉里的業務大哥不假思索地說：「有的店家你不會混熟，不像大姐人很好！」

或許很多事，並不如表面所見。就像在全連幾乎陣亡的盧溝橋戰役中，如果不是牛爸爸倖存下來；最早離家的牛姐曾經在高雄當KTV櫃台小姐，如果不是她後

05

來決定放棄工作返鄉；八八風災摧毀六龜山區，如果不是地勢保護了整個中興村……。悠悠午後，故事一層層剝開，我們才逐漸體會，眼前這間老店，原來，差一點就不會存在。

01

海

柔情鐵漢的跳海人生

紅柴坑的界順商店

店家地點　屏東 恆春

創立時間　一九八〇年代

在我們村庄，「無錢就跳海啦！」不管孩子明天要繳學費還是午餐錢，「晚上跳下去，明天什麼都有。」阿界說要不是剛好腳傷需要休養，他現在應該在海裡。

二十多年前他從台北回鄉，本來在成衣廠做事的他，完全沒有潛水經驗，「但在這土生土長嘛，對海很熟悉，我去海裡第一天賺三百塊錢，第二天變七百塊，第三天一千多塊，一個禮拜就變師父。」不論是要上桌的鮮魚龍蝦，還是水族業熱門的觀賞魚，買主每天都排隊等他抓上岸。這就是恆春紅柴坑漁港，阿界「跳海」的故事。

冬天的恆春還溫暖得讓阿界穿不住長袖，背心外露出兩條黝黑、結實的胳膊，他菸不離手，話說不完，「村庄裡的婚喪喜慶和廟會，我麥克風拿了三十年。我從來不講白賊話。」

左臂上的刺青是一行字：「娘我永遠念著你。」為了娘，他二十八歲一結婚便帶著太太返鄉。爸爸在他二十多歲過世後，媽媽獨力照顧行動不便的大哥，他跟當時女友說，「我這輩子要奉養他們，以後吃飯多兩副碗筷，看妳願不願意。」連求婚都這麼海派。

01 老闆阿界兼富氣概與感性。

02 界順商店位處臨海小漁村的一隅。

下海討生活的剛強男人

那是民國六十多年，阿界夫妻倆回到台灣最南端的恆春，接手媽媽剛開沒幾年的雜貨店，「我老婆是台北三重人，不會騎機車、不會開車，哪都去不了，有間店剛好給她顧。」店開在港邊，門外就是海，強勁的海風吹得菸酒牌都掛不住，連店名也沒寫，「但在路上問『阿界家佇佗位（在哪裡）？』連小孩子都知道。」他口氣滿滿地說。

紅柴坑距東北邊的恆春鎮、東南邊的墾丁各約十多分鐘車程，遠離了觀光人潮，只有老道的潛水客才知道這片迷人的海域。碧海藍天吸引著悠哉的遊人，但對阿界來說，下海就是討生活。

阿界回想婚後剛回鄉幾乎「一無所有」，太太顧店，他每天蹲在家門前親手打造小船，用三合板包上塑鋼當船體，買台空氣壓縮機掛上去，開始靠潛水抓魚，養活一大家子。四個孩子稍大後，雜貨店交給孩子幫忙顧，他和太太又開了海產店和網咖。

「我真的很拚。」他自認不服輸，「在大海死過五、六次，沒死掉。」他說自己一下海最久曾經六小時才上來，而且不像玩家背著氣瓶下水，只有嘴裡咬一條管子連接船上打氣的空壓機，有時其他經過的小船螺旋槳不小心纏住他管子，「空氣沒過來，我在水底要趕快卸掉裝備往水面衝，一瞬間反應錯，就回不來了。」

流落叢林的南洋兵父親

而這樣一個與海搏鬥的剛強男人，能讓他落淚的，是另一個幾乎也死過的男人，他的父親。

阿界是家裡十個孩子的老么，在爸媽身邊時間長。說到爸爸，暢快的回憶突然鯁住，他轉身進屋裡翻出一本破爛的小冊子，「這是我爸在菲律賓打仗時寫的日記。」日本時代，他還沒出生，爸爸被徵召去當南洋兵，「我們山海里七個人去，其他人全死了，只剩我爸一個人回來。」

沾了幾滴血跡的日記中，爸爸用漢字寫著閩南語韻文，或描述戰事「只漸流磺大損害，流磺島民照悲哀」，或抒發相思情「月色光光謝落西，遠起清春不再來」。其中幾頁寫著人名地址，

03 角鋼貨架與冰淇淋櫃倚牆擺設。

04 戰友們的通訊錄，之後一一成為通知死訊的憑藉。

05 被徵兵南洋的阿界父親，當時以漢文寫下的日記。

應是戰友通訊錄。一心想著回來後可以重聚的爸爸，最後接獲的卻都是死訊。

阿界每每聽到掉淚的，是爸爸說一路上每遇戰友亡故，他們就把屍體燒一燒撿支骨頭帶在身上，上山過橋都要喊：「某某，我們到哪裡了……。」為了求生，吃人肉是普遍的事，爸爸說人肉在火上烤了會有七彩顏色，他不敢吃，只會用鋼盔或臉盆裝著頭顱埋進土裡，等寄居蟹循臭味爬進鋼盔臉盆，再挖出來，把蟲子烤來吃。

直到有一天，他們聽見「日本投降了」的廣播，為怕是美軍詐敵，爸爸和同行的一位原住民同袍說好互相掩護，同袍先棄械走到美軍營地，爸爸拿著武器躲在樹後警戒，一看同袍沒事，爸爸馬上扔了槍跑過去，一時情急身上手榴彈

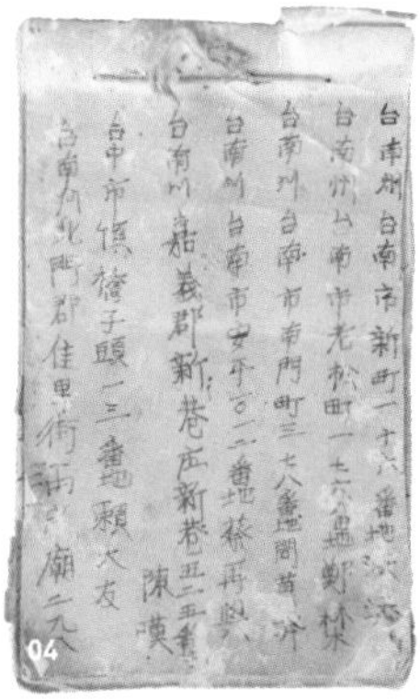
台南州台南市新町一ノ十八番地 [illegible]
台南州台南市末広町一ノ七六番地 [illegible]
台南州台南市南門町三ノ七八番地 [illegible]
台南州台南市安平二ノ二番地 孫再興
台南州嘉義郡新巷庄新巷五三五番 陳漢
台中市[illegible]橋子頭一三一番地 賴火友
台南州北門郡佳里街[illegible]廟二九

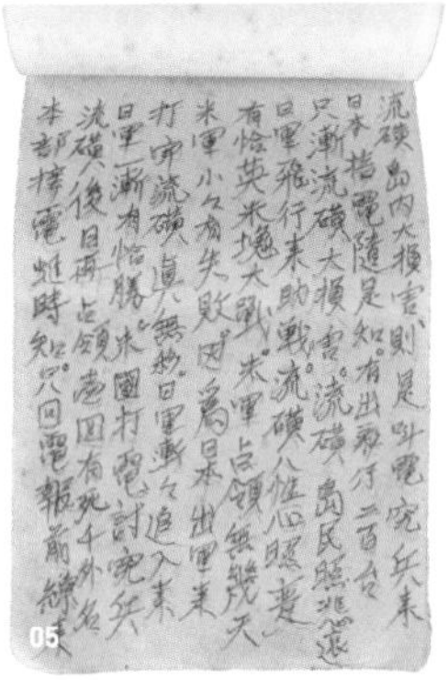

忘了拆，被美軍狠狠打了一頓，整排牙齒都斷了。「後來爸爸是靠那位原住民同袍每天煮稀飯給他吃、鼓勵他，才活下來。」

爸爸返家那天，村裡唯一有摩托車的人聽到消息，跨上車急奔通報，「全村人全跑上街迎接他，最後我阿公走過去，抱著我爸大哭。」阿界紅了眼眶，「吼，我每次聽這段逃命血淚都超感動，知道爸媽活下來、養我們不容易，也激起我的孝心。」

鐵漢般的阿界，說起爸媽不禁變得柔軟，常把孝順掛在嘴上。例如他說有次出門抓魚，過

了中午肚子餓得要命，回家馬上剖魚炒了一盤魚腸，「聞到那香味，我卻想到媽媽最近生病都吃不下飯，唉，還是端去給我媽吃。」

島嶼之南的時代記憶

紅柴坑的地名源自當地又稱為「台灣樹蘭」的紅柴，後來因人口增加，紅柴幾乎被砍光。而如今村裡青壯輩外流，只剩七十幾戶人家。位處小村，阿界的店也小而充實，還有一座傳統雜貨店少見的冰淇淋櫃，想必在南方的豔陽烈日下，消暑是日常必需。店開在港邊，漁民出海前會來補些泡麵、乾糧、蔭瓜和鯖魚等罐頭，在船上風浪大不好煮食時，好簡單填肚子。

這間店也是孩子們的玩樂勝地，二十多年前還有抽抽樂時，對小朋友來說抽到最棒的玩具就是布袋戲偶。阿界說那時孩子集體到山上放牛，常用竹竿搭個棚架當戲台，拿著米糠填作偶頭的陽春戲偶，你當史豔文、我當藏鏡人地演起《雲州大儒俠》或《六合三俠傳》。

現在厝邊鄰居來買東西還能賒帳，等領了工錢再來清帳。他苦笑年紀大了，有時忘記寫在白板上，「就了錢（賠錢）矣。」

06 老闆阿界與就讀高中的小女兒。

07 阿界的阿公捐款給「帝國義勇艦隊」所獲頒的獎狀。

08 店外就是海天一色的港口。

因為阿界在地方上活躍，這間小店雖不起眼，卻是每逢選舉候選人必來拜會的據點。一說到政治，坐在矮桌旁抽菸的阿界便激動地用指節敲著桌面大聲說：「人喔，沒經過那段血淚，不會記取歷史教訓！」

這時他口中的血淚不是戰爭，而換指國民政府的威權時代。他最難忘約莫小學年紀時，父母常在家中低聲喊「大人來啊」的恐懼害怕，「大人」是警察，意思是警察要來「收鹽」了。因當時禁造私鹽，但海邊漁村人家會利用潮汐，把海水沖上咾咕石、風乾結成的鹽撈上來，「只是一點點家裡用來醃魚、煮菜，竟然要抓去關！」當時爸媽每次聽到大人來，就會緊張地跑到牛舍挖個坑，用牛糞把鹽埋起來。

氣還沒消，他又說自己十八歲開始跑船，戒嚴時期有宵禁，晚上九點後船不能進港，「就算颱風風浪多大也不管，讓我們在外面等死，有夠蠻橫！」他有感而發：「當官的在桌上玩文字遊戲，不知道百姓的苦啦。」

阿界的家族在當地已綿延好幾世代，他的店連接著百年的三合院祖厝，「從這裡傳出去的子孫有一千人了。」他細數日本時代阿公曾捐款給「帝國義勇艦隊」並獲頒徽章，當過南洋兵的爸爸後來做乩童，他自己則靠海為生。

不論什麼年代的「百姓」，拚生死都為拚個好生活。就像阿界欣慰自己能奉養母親到八十三高齡過世，他口中的「四千金」四個女兒也都大了出外工作，還讀高中的小女兒放假時會陪他們顧店。對阿界來說，這甜美的海邊女兒和整個家，就是他海裡來海裡去，努力大半輩子守護的對象啊。

01

部落

蜿蜒山路上的愛玉果

神山的神山商店

店家地點　屏東 霧台

創立時間　一九八三年（二〇一九年歇業）

在海拔一千公尺、雲霧繚繞的霧台村，有間知名的「神山愛玉」，一早就有遊客聚集門前品嘗美味，一邊爭相和九十歲的「愛玉婆婆」合照。

遊客口中的愛玉婆婆魯凱族名叫 Dreva dreva，這裡的孩子都喊她 kaingu（祖母）。早在愛玉店爆紅前，她已經開了三十多年的雜貨店，現在新修的店裡只賣少許零食餅乾，簡單清爽，石牆上的魯凱圖騰醒目迷人。

每天開店後，kaingu 便靜靜坐在一旁，深邃的雙眸望著眼前這群年輕的孩子。是的，在她眼中誰都是年輕的，畢竟這雙眼睛還看過門前大路尚未開通的時候、曾經目送丈夫出征到南洋打仗，雖然沒離開過部落，但她見過的歷史比誰都長。

現在愛玉店由兒子 Ruehamekane 和孫子打理，儘管店務不需她操忙，她還是每天天剛亮就起床擦好桌子，地板從一樓掃到二樓，家人若要她休息她就用魯凱語回：「那我活著有什麼意義？」

Ruehamekane 和媽媽用流利族語交談，再轉頭翻譯。他說媽媽一輩子辛苦勞動，老後也閒不下來，

01 kaingu 幽深雙眼彷彿映照出部落百年歷史。

02 神山商店石板屋的外觀以魯凱族傳統圖騰裝飾。

03 kaingu 與兒子 Rueha-mekane 在正曬著咖啡豆的店前。

那雙枯瘦的手仍不時勤快整理門前庭院，細瘦但有力的雙腳，以前還能來回走十幾個鐘頭上下山。

早期搭順風車下山批貨

相傳最早的魯凱族人由雲豹和老鷹領路，從台東海岸上岸，攀過中央山脈，在霧台的舊好茶建立部落。從Ruehamekane有記憶以來，族人就是靠雙腳出入山間，上一輩人背著地瓜、芒果、木柴與中藥材下山去賣錢，或直接交換鹽巴、衣服等物資回來，他小時候也當過挑夫，遠從二十公里外的內埔水門村幫人背貨上山。

直到一九七三年台24線完工，才結束了部落的步行年代。這條公路從屏東市攀升上山到三地門、霧台，打從他家的門前過，再抵達更高處的阿禮村。新路開啟了山間部落的門戶，族人紛紛沿街做起生意，道路開通約十年後，kaingu也在家門前開了一間雜貨店兼賣麵，上下山批貨就搭鄰居的貨車。

在族人稱「siubai」的雜貨店裡，她賣的東西簡單平凡，除了零食罐頭，多是山上所需的蠟燭、手電筒和電池等，價錢直接寫在牆上，因為信基督，連菸酒

04 店內以簡單吃食與必需品為大宗。

都不賣。

歷史悠久的天主堂與長老教會在山腰上寧靜俯瞰著群山懷抱下的部落，小學操場裡孩子放聲奔笑，然而，在 kaingu 都還沒出生的年代，這個靜好的部落也沒有免於一場族群間的廝殺。

日本統治初期，台灣各部落的抗日事件層出不窮，神山部落便歷經激烈爭戰。當時日本政府為了方便管理，強迫徵收保管原住民的獵槍，神山、霧台部落的族人不服，在幾次衝突後，衝進霧台駐在所（現稱分駐所）殺掉十三個警察，日方重兵反擊，雙方對峙數天死傷慘重。

「當時日本人用火砲炸我們部落，茅屋、木

屋全燒起來，我家老屋也燒光了，只剩下一段台灣紅櫸。」Ruehamekane 沉靜地訴說部落老人家口中那場戰事，而他所能做的，就是好好保留祖先的舊物，在家中安放那塊充滿歷史的櫸木。

到了 kaingu 成長的年代，部落孩子已經坐在蕃童教育所裡大聲念誦日文了，kaingu 沒忘記，當時她可是班上數學頂尖的學生，「午休前，老師規定要先算數學題目才能回家吃飯，愈快算好愈早回家，我常常是班上第一快的！」

05 棲身群山之間的霧台景色清麗。

在蕃童教育所裡，還有個男生很得日本校長喜愛，每天傍晚校長都會找他到家裡幫忙燒熱水沐浴；十八歲時，他參加高砂義勇隊到南洋打了四年仗，幸運活著回來，那就是 Ruehamekane 的父親。戰爭結束，時代也翻過一頁，父親歷劫歸來後，用軍毯換購木頭和石材，在現在的地方蓋了間石板屋，他從戰場扛回來的一座飛機頭，則充作全家人吃飯的鍋子，直到十幾年後 Ruehamekane 出生、長大，家裡都還用這口鍋燒地瓜湯。

06 Ruehamekane 父親著軍裝的英挺照片猶高掛牆上。

07 日本時代頒給被徵軍南洋的父親的表彰狀。

自給自足的清苦歲月

在這間後來 Ruehamekane 親手改建的家屋裡，客廳牆上便掛著一張父親身穿軍服的挺拔少年照，眉宇間充滿英氣。接著，他又拿出一張昭和年代的「陸軍上等兵山田一夫」表彰狀，那個陌生的日本名，就是父親曾經的名字。

戰後，爸爸在蕃童教育所改制的霧台國小當工友，加上到林班打零工等收入，養大他們五個孩子。爸爸過世後，媽媽繼續務農、開店，他記得家中餐桌上不論小米、小麥、芋頭、地瓜、紅藜、玉米或樹豆，全都來自媽媽的田裡，自給自足。

06

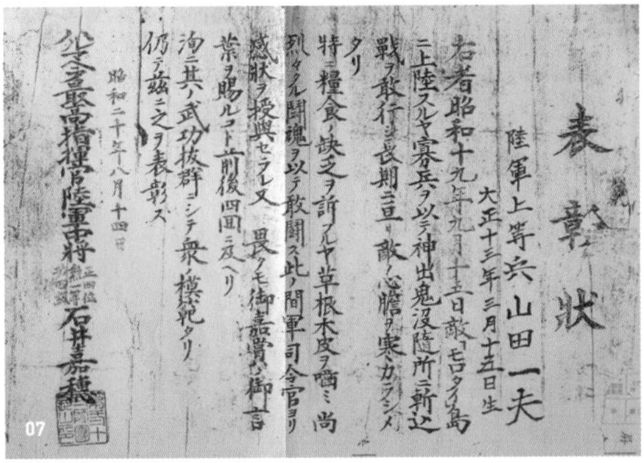
表彰状

陸軍上等兵 山田一夫

大正十三年三月十五日生

右者昭和十九年九月十五日敵「モロタイ」島ニ上陸スルヤ寡兵ヲ以テ神出鬼没随所ニ斬込戦ヲ敢行シ長期ニ亘リ敵ノ心膽ヲ寒カラシメタリ

特ニ糧食ノ缺乏ヲ訴フルヤ草根木皮ヲ噛ミ尚烈々タル闘魂ヲ以テ敢闘ス此ノ間軍司令官ヨリ感状ヲ授與セラレ又畏クモ御嘉賞ノ御言葉ヲ賜ルコト前後四回ニ及ヘリ

洵ニ其ノ武功抜群ニシテ衆ノ模範タリ

仍テ茲ニ之ヲ表彰ス

昭和二十年八月十四日

第二方面軍最高指揮官陸軍中将 正四位勲一等功四級 石井嘉穂

07

媽媽的店開賣愛玉則源於二十年前，他捨不得媽媽老後田地荒廢，心想愛玉好照顧而順手種下，沒想到隨著霧台觀光興起，這碗混合了當地小米的愛玉冰跟著聲名大噪，原本的雜貨店退居配角。曾在台北當警察的他退休後留在部落，現在天天往園裡跑，醉心試驗不同品種的愛玉。

不過幾十年間，

kaingu 從說著日本話到有了全新的漢名，從天天踩著泥土地跋涉山間，到看著一車車遊客沿著柏油馬路開進部落，連魯凱族語稱「tukunui」的愛玉，都從老一輩族人心目中不吉利的「魔鬼果實」，搖身變成熱門的山中甜品。

觀光客多了以後，部落的傳統石板屋紛紛經營起民宿，但一進門仍是家的樣子，客廳、房間透著石板的沁涼，門外曬著當地種植的咖啡豆，魯凱的百步蛇、陶甕和百合圖騰，也依然靜靜地雕刻在石牆上，在 kaingu 店前的石桌石椅上。

一陣雲飄過，冬日溫軟的陽光從山頭後露出，當耳邊揚起人們談笑、湯匙與碗盤碰撞的叮噹聲，kaingu 滿是皺紋的臉上，也不禁沾染了屬於這個年代的輕快氣息。

08 店外自製的桌椅亦富族群特色。

01

眷村

從大陳島飄浪到維也納

玉環新村的玉環商店

店家地點　屏東 新埤

創立時間　二〇一三年

雨後，張老闆站在自家的幾列貨架前，望著四周已經沒有親人居住的道路院落。雖然村裡許多人移民海外，他在奧地利的經驗不算特殊，但六十歲之際決定返鄉，甚至住回兒時的老房子，他就是當地的一則奇譚了。

「人家笑我在維也納開飯店，回來台灣開雜貨店。」他淡淡一笑，像是說著別人的事。

◇◇◇◇◇◇◇◇◇

玉環新村入口門柱上寫著「大陳義胞」，這個宛如教科書上的歷史名詞，是台灣對來自大陳島居民的稱呼。張老闆三歲便隨家人從大陳島撤退來台，對家鄉沒有記憶，日後也不曾回去過，「因為島上沒人，房子也拆光了，當時有些老人以為馬上會回去，就把銀元隨便埋在地下和牆壁，後來都被外地人挖走了。」

當時國民政府已播遷來台多年，在金、馬、浙江沿海大陳島等地駐軍防守；一九五五年初戰事告急，國民政府下令棄守大陳島，將全島軍民撤退來台。

張老闆日後聽兄姊回憶才知，在剛過完年的冬日寒風中，他們一家五口帶著有限的家當搭上軍艦，

01 玉環商店低調棲居芒果與龍眼樹下。

02 經歷曲折傳奇的張老闆有滿腹故事。

先在基隆上岸，後來輾轉到花蓮、台東，最後被安置在台灣南端屏東。

來台的一萬七千多名「大陳義胞」涵括了大陳主島和其他諸島居民，依照漁、農、工、商等職業別，被分配到全台三十五個大陳新村。與張老闆家一樣來自披山島的共一百多戶、五百多人，從此落腳在新埤鄉林邊溪旁的「玉環新村」，藉由村名遙遙想念遠在浙江玉環縣的家鄉。

「一開始真的很辛苦。」他連講了好多次，不過原鄉生活一樣困苦，父母本來靠抓魚、種地瓜為生，抵台後全家人擠在八坪大的簡陋屋舍，墾荒種地瓜，政府另分配豬隻，增加營生。

「以前窮得沒鞋穿，赤腳走石頭路到隔壁萬隆村上學，附近東岸營區的軍隊演習打靶，我們就到河床撿砲彈炸開後的廢鐵碎片，等人來村裡收，一斤可以賣一塊錢。」後來村裡蓋了基督與天主教堂，他身上穿的不是教會、就是紅十字會發的舊衣，星期天上教堂，也是因為有麵條可以吃，他自嘲，「我們信的是『麵粉教』。」

赴歐開設豪華中餐館

從孤懸海上的小島到不靠海的屏東新埤，大陳人從家鄉被連根拔起，但張老闆沒想到，日後他的離鄉路更遠遠走到了歐洲。

「我小學畢業就上台北當學徒。」他細說從頭，當時也不知道窮，因為村裡

03「大陳義胞」題字標舉了玉環新村的時代背景。

小孩全都一樣，到台北後有人做皮鞋、當廚師，他則在長安西路上海人開的旗袍店學裁縫，白天工作，晚上把東西收一收就睡在檯桌上。

退伍後，他在台北、屏東潮州都擺過地攤賣字畫，二十六歲決定跟著親戚出國去，一張單程機票台幣五萬多，東借西借才籌足錢。那時他剛新婚不久，太太是隔壁萬隆村的姑娘，他先一個人到奧地利維也納依親，在親戚開的餐廳裡做廚房學徒，後來才辦手續把太太接過去。

「二十多歲大男人了，當然要去闖闖。」他這樣告訴自己，八年後，他明白要翻身就得當老闆，又咬牙借貸四百多萬台幣，砸大錢從台灣運了整貨櫃的建材過去，開了一間金碧輝煌的中餐館。他翻出當年皇宮似的餐廳照片，卻一點也不留戀，後來他賺了錢把餐館賣掉，又開了第二家，幾年前再度轉手，回台照顧九十多歲的老母親。

現在他再也不愁錢，憶起異地打拚時光也已雲淡風輕，他說一九七〇年代末剛到維也納時，路上沒什麼亞洲人，中國餐館不多，不如現在競爭激烈，因此生意好做，尤其餐廳裡設吧台賣酒利潤高，就像他開在燠熱南台灣的雜貨店，夏天時飲料賣最好。

04 店裡打理得整潔明亮，自有秩序。

孤身回鄉隨興度日

回到兒時的眷村，除了老母親外幾乎人事已非，「我待在家想找點事情做，就開了店，沒想到沒多久媽媽便走了。」這間沒有名字的雜貨店，菸酒牌是唯一的招牌，外人若沒走近，幾乎不會發現波浪板和帆布棚下隱身著一方小店面。

坐在小桌前，人生起伏宛如跑馬燈閃過，張老闆偶爾起身招呼買菸買酒的村民，一邊念著原本的大陳住民只剩十多戶，現在加上其他來租屋的外地人，總共不過三十來戶。眼前多是門窗傾頹的老屋，從破窗子望進去，恐怕也只有他想忘也忘不了的童年回憶。

05 當年台灣省政府贈與來台大陳義胞房屋，讓他們得以安家落戶。

大雨停了，他趕緊把被踩溼的地板拖得乾乾淨淨，「髒了我看不習慣。」店內整齊清爽，和村裡荒涼老朽的氣息成對比，就像他給人體面的感覺一般，完全看不出經歷過的風霜。傍晚，他亮起店裡的燈，伴著村內這群彷彿被遺忘在城市邊緣的人。

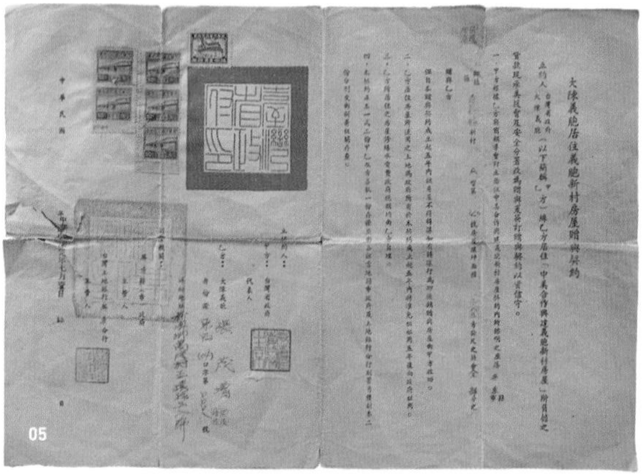

他說店裡仍提供「簽帳」，不是刷卡付帳，而是讓人記帳賒欠，「他們付了一點又欠一點，有的欠了就跑走了，」他笑，「討錢很難的呀。」真正精明的老闆不會做這種生意，然而，對現在的他來說，這店或許是賺錢之外的另一種存在。

在歐洲開過十來個員工的餐廳，這小雜貨店算不上什麼，但他照樣務實，「外面超市特價我就去買，比跟廠商叫貨還便宜。」架上有張紙寫著潮州車站接送的價碼，「我還載客人，什麼都幹！」

如今兄弟姊妹全分散在歐美，太太和一雙兒女留在維也納，拚了大半生孤身回到家，他唯一只怕台海兩岸間不穩定，「逃過難的人知道，國家一戰爭會很慘。」除此之外，他寧願住在這偏鄉老屋，像是繁華夢一場，「人生嘛，生不帶來死不帶去，過得去就好。」他慢條斯理地說。

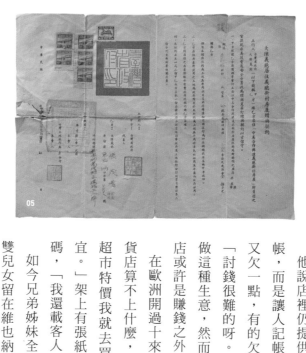

現在他每天起床開店，晚上八點熄燈，三餐自己煮食，若想出去遛達找朋友就索性關門，日子過得簡單隨興。張老闆沒說出口的或許是，錢財比不上的，就是回到老地方這樣的熟悉與自在吧。

04 雜貨考

主婦的心頭好

在沒冰箱的年代，雜貨店除了趕早批來青菜或殺豬賣肉，架上並無冷藏食品飲料，更不用說珍稀昂貴的鮮奶，就連奶粉在戰前也是少見的奢侈品，當時生了小孩便自然哺育母乳，奶水不夠的，則買便宜的煉乳加熱水來餵養嬰兒，滋補營養。

◇奶粉太奢華，煉乳加水餵寶寶

一九二〇年代的台灣已有日系的明治、金線、鼓吹標等牌煉乳，以及更早傳來台灣、流行已久的美國鷹牌煉乳——民間俗稱「鷹仔標牛奶膏」。

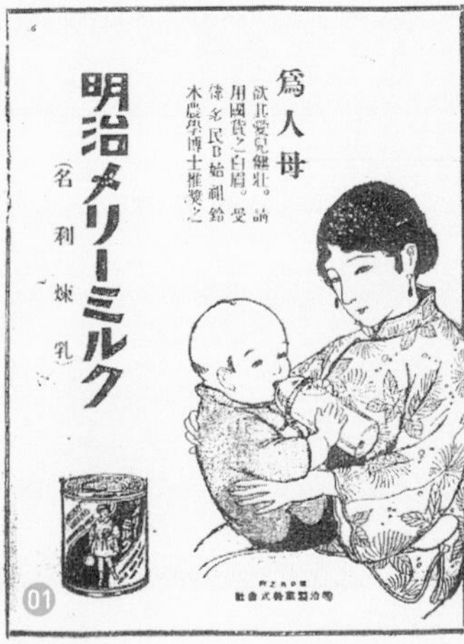

01

當時這些煉乳廣告強調為「哺育小兒之妙品」，不過光復的人人商號老闆娘不以為然地說，早期很多窮人家因為這樣餵養而導致嬰孩肚子「膨風」死亡；以今日眼光看來，煉乳育兒確實健康堪慮。

台灣第一罐國產的味全奶粉一九六四年才問世，戰後乳品逐漸普及，美國的雀巢克寧奶粉，日本的森永、明治、雪印奶粉都是台灣人最熟悉的品牌。銷售第一的森永奶粉罐上大大的牛頭商標，更成各品牌仿冒對象，同時間出現了聖母、奶王、牛王、牛頭等奶粉品牌，包裝上都是那隻大眼牛頭。

一九五〇年代美援送奶粉，袋裝奶粉像麵粉一樣透過公所一包包發到每戶家裡，但大部分人印象都是「養豬飼料」，偶有小孩把結塊的奶粉一口一口挖來當零嘴吃，至於泡成溫熱牛奶的幸福味道，則在教會裡才喝得到了。

奶粉之外，還有子母牌、育才牌、聖誕老人牌的麥米酪、奶米粉、甘米粉、代奶粉等系列商品，類似今日的麥粉米精類嬰幼兒副食品，鐵盒上的嬰兒圖像是共通形象。

02

◇從茶箍到雪文，推廣衛生愛洗澡

日本人剛統治台灣時，對民間的衛生習慣不良相當頭痛，尤其人們不愛洗澡，當時市售清潔品自然稀少，洗衣和沐浴多用隨手可得的素材，比如以榨茶油後的殘渣茶粕做成的塊狀茶箍（也叫油茶餅）、能搓出泡泡的無患子樹果實，都能去油污；日本進口品牌肥皂則多是在台日人使用。

直到一九二〇年代，日本政府提升衛生觀念有成，肥皂的使用量增加，台灣也出現較有規模的肥皂工廠，閩

03

04

南語「雪文」即源自日文外來語「シャボン」，日文用「雪文」取代原稱肥皂的「石鹼」一詞，彷彿更具舶來品的高檔品味。

服飾藥妝雖屬百貨行品項，但不少

雜貨店也延伸販售簡單清潔用品，很多老闆都有「用日曆紙包散裝肥皂來賣」的記憶。當時日商花王、獅王、資生堂等透過店家行銷全台，花王更在戰末於台中沙鹿成立台灣花王株式會社，花王香皂價格便宜品質好，比起資生堂的貴氣包裝更受歡迎。台產肥皂則以台灣石鹼合資會社推出的大春肥皂、東光油脂工業株式會社的東光肥皂為兩大品牌。

戰後市場重整，接收花王、東光的台灣工礦公司後來改名天香化學公司，與松山興記化工廠、南僑化工並列肥皂業龍頭。歷經時代淘洗，現在雜貨店裡的南僑水晶肥皂仍歷久不衰，很多老闆說：「老人家都習慣用這種。」

05

早年肥皂分清潔物品的「洗滌肥皂」和沐浴身體用的「化妝肥皂」，前者後來被洗衣粉所取代，後者則朝向女性化的香皂發展，台灣兩大品牌曾有「北美琪、南瑪莉」之稱。但一九八〇年的澎澎香浴乳隨著蓬鬆泡泡的浪漫廣告，溫柔地攻占浴室，沐浴乳終於一點一點洗去了「洗身軀」用香皂的習慣。

◇洗衣新世代，女星代言白閃閃

一九六〇年，天香推出「天香雪泡」洗衣粉打響名號，不過台灣第一包本土產洗衣粉，則是一九五〇年代初利台化工推出的「非肥皂」，粉末式的肥皂顛覆大家用皂塊手工洗衣的習慣，這產品一炮而紅，開啟了各牌洗衣粉爭鳴的年代，後來陸續有汰漬、

06

象頭、花王的新奇、南僑的快樂洗衣粉等國內外品牌。

其中，原利台化工成員另立的國聯公司推出玫瑰洗衣粉，即家家戶戶耳熟能詳的白蘭洗衣粉前身，這款一九六九年搭著女星「白蘭」走紅而取名的洗衣粉，從此席捲主婦市場，為至今長銷的洗衣粉品牌。

一九七〇年代後洗衣粉隨著洗衣機普及而盛行，肥皂銷量一落千丈，後來雖有廠商推出適合洗衣機用的皂絲產品，但有雜貨店老闆回憶，客人反應「會結塊結糊」，終究還是不敵潮流。

04
雜貨考｜圖錄

⑪ 明治煉乳廣告（陳柔縉提供）
⑫ 聖誕老人牌維他命麥精片廣告（莊永明提供）
⑬ 資生堂雪文廣告（陳柔縉提供）
⑭ 花王石鹼廣告（陳柔縉提供）
⑮ 南僑水晶肥皂
⑯ 白蘭洗衣粉（莊永明提供）

輯五 5

走跳東岸

宜蘭・花蓮・台東

利澤簡的利發商號——鴨母船駛過水稻田

大榮的穗興商號——搭著火車來抄貨

光復的人人商號——為地方寫一本書

南方澳的興發商店——做討海人的生意

豐裡的宏興商號——日本神社往事已遠

卡拿崙的日新商店——風雨中搖曳的燭光

澳花的伊凡商店——部落門前的大鍋肉

重安的廣雄商號——有媽媽在的台11線

雜貨考：好吃好玩的囡仔物

市街

鴨母船駛過水稻田

利澤簡的利發商號

店家地點　宜蘭 五結

創立時間　一九三〇年代

雨夜裡，木枝的阿爸單手撐傘、腳踩「二八仔」（車輪二十八英寸的腳踏車），載著滿滿的貨奮力騎回店裡。那時沒路燈，僅車前小燈微微照亮前方的石頭路，從羅東回利澤簡的路途，似乎更遠了。

這是木枝伯幼時印象最深的畫面。

「雜貨店為什麼叫簸仔店？因為古早店裡都用這種『簸仔』裝東西。」頭髮花白的木枝伯從倉庫翻出陳年的簸仔，在又圓又大的竹盤上比畫著解釋，以前魚乾、蝦米等乾貨如何陳列，讓人一目瞭然，祖父時代的店就是這樣做起生意。

不過阿公和兄弟們最早是做花生糖的，他描述沒見過的阿公常「跟著戲棚跑」，看哪間廟前做戲，便到熱鬧的戲棚下擺攤賣花生糖，後來東西愈賣愈多，小攤才發展成雜貨店。

利澤簡盛產花生，海邊沙質土種出的花生當地人稱「沙仁」，口感特別好，「全省上出名（最出名）！」木枝伯讚不絕口，回憶著他小時候的零嘴不是花生糖，就是用虎豹獅象印模做的「四秀仔」

01 思緒清晰的木枝伯迄今仍打算盤算錢。

02 店內貨架商品一字排開，宛如市場的延伸。

（糕餅，也指零食），現在宜蘭名產金少爺、阿杜師花生糖都是家族堂兄弟所經營，他爸爸則接手阿公的雜貨店，搬到老街上的利澤公有市場旁，蓋了新店面。

老街曾商家林立盛極一時

木枝伯十多歲就在店裡幫忙，到現在七十歲了，木造小屋已改成水泥樓房，依然緊鄰市場，商品靠牆一字排開，從米、糖、雞蛋、乾香菇、蘿蔔絲，到端午節前應景的粽葉和棉線等，南北貨的香氣和雞鴨魚肉的生腥交融在一起。

利澤簡原為噶瑪蘭族人居住地，清代後漢人移墾，當時族語稱「Karewan」（加禮遠港）的冬山河，成了利澤老街發展的命脈。從艋舺、鹿港甚至福建沿岸來的商船，自海口入港後順著河道航進利澤簡，在渡船口改用鴨母船分裝貨物，再沿支流運送到今日冬山、羅東等地。

木枝伯常聽老一輩人說：「古早真鬧熱，羅東無得比！」日本時代陸路取代水路，鐵路線上的羅東才發達起來，但利澤街上依然人來人往，商家林立，一直持續繁榮到戰後，媽祖廟永安宮每到廟會時擠得水洩不通，經濟起飛的一九六〇年代還開了一間利澤戲院，除了放映電影，當時流行的黑貓歌舞團、歌仔戲都來演出過。

他家也跟著生意熱絡，難怪當時流傳一句話：「查某囝嫁箃仔店上好。」（女兒嫁給雜貨店最好。）但開店的勞力活也不少，他說爸爸每天都得騎腳踏車來回羅東補貨，左右兩邊各掛一個布袋，後面再綁著公賣局的竹籠裝酒矸仔，載不來的整桶醬油、花生油就請人用犁仔卡拖回來，遇上宜蘭三不五時的下雨天，實在辛苦，到他的年代才改用拼裝的「鐵牛仔」載貨。

那時冬山河雖然不再行商船，仍是當地人坐鴨母船趕鴨、載稻的交通水道。農民在低窪的水田養鴨，他小時候最愛去河邊看人家「牽鴨母」，「鴨子沿著河游出去，農民就要划船出來趕牠們回家。」

在消失的河道找尋新出路

但這個深印於兒時記憶的景象，卻在一九八〇年代冬山河截彎取直後消失無蹤。橫跨河上的老橋拆除了，蜿蜒的河道填平變成馬路和住家，木枝伯現在閉著眼睛都能在腦中勾勒出那條童年的河，「從郵局、老街這樣流過來，渡船口就在現在的利生醫院前……，啊，這一段古色古香的河道，要是保留下來就好了。」他嘆了口氣。

消失的不只是河道，還有人潮。戲院歇業，老街走入沉寂，但代之而起的是社區的力量，當地文史團體這十年來積極修復古蹟、宣傳永安宮的元宵「走尫」民俗（扛神轎競走以驅邪祈福），甚至重新打造舊時的鴨母船，停泊在五股大圳的橋底下。

木枝伯的店則從原本二十多坪大，縮減成現在小小的狹長空間，「另外大半

03 日漸沉寂的利澤老街猶殘留昔日繁華光景。

04 由地方士紳募資興建的利澤戲院，在台語時代曾昌盛一時。

店面我租給便利商店了。」便利商店的門面對新開的馬路，光潔明亮，一如都市裡尋常的風景，「但我們賣的不一樣，消費群也不同，我這邊都是老頭子，講一句要什麼我就拿給他們，較慣勢（比較習慣）啦。」兩間新、舊商店背靠著背並存，他的口氣很自然，也依然一邊和客人話家常，一邊用他的老算盤算錢。

昔日的生活變成今日的觀光，似乎是許多沒落小鎮的復興方式，但在地老店則用自己的方式迎上時代。例如這一年來，木枝伯在店裡增加多種東南亞泡麵

05 利澤簡迄今仍是宜蘭養鴨重鎮。

和魚露等調味料，他說附近工業區的東南亞移工、嫁來的新住民很多，「他們說想吃什麼，我們就進什麼。」

「滷豬耳朵用什麼滷包好？」一個年輕主婦在櫃台問，木枝嫂熟練地介紹幾款滷包，邊交代煮食撇步；送飲料的業務大哥來了，木枝伯馬上換一種兄弟打鬧的語氣和他談笑。超商開得再多，夫妻倆仍很有得忙，「元宵的時候記得來媽祖廟看熱鬧喔！」若遇到外地遊客，他們還會附加宣傳，畢竟眼見年輕人熱心復興老街，本身就是歷史的老店，當然更得敞開大門，暢快地講古。

05

01

農村

搭著火車來抄貨

大榮的穗興商號

店家地點　花蓮 鳳林

創立時間　一九四〇年代

「頭家，借寡錢好無？阮因仔發燒欲去予醫生注射……。」（老闆，借點錢好嗎？我小孩發燒要去給醫生打針。）黃昏時，種田的阿伯牽著雙頰發燙的孩子到店裡借錢，這樣的場景，幼時的阿煌不知看過多少遍，而這種時候，身為雜貨店老闆的父親一定不會拒絕的。

◇◇◇◇◇◇

因為兒時深刻的印象，阿煌伯細數父輩開店的不容易，得準備三筆資金：進貨的、給人賒帳的，以及來借錢的。他說以前家家戶戶人口多，「生了六個被催『湊半斤』，到八個又叫『生一打』。孩子多難免生病，但來借錢的，等田裡收成了，一定還。」

阿煌伯的父親出身桃園蘆竹，少年時出外到金瓜石當礦工，但看著不時有人從坑裡被抬出來，心裡怕，二戰末期聽說花蓮糖廠荒廢，附近空地「畫了就是你的」，便帶著寡母和四個弟弟來到東部。

01 入夜後穗興商號常是鄰近唯一還亮燈的商家。

02 自幼在雜貨店長大的阿煌伯，昔日點滴猶在心頭。

03 店對面的林田小學校教師宿舍遺跡。

金瓜石礦工勇闖後山討生活

放眼無邊的土地居然占了就有，阿煌伯卻正色道：「大家在田裡能做多少就占多少，占太多做不來會被人家笑，跟現在人想的不一樣。」父親最早落腳光復鄉大富一帶，戰後糖廠復工，政府收回土地、發放補償金，父親兄弟們便帶著這筆錢來到鳳林買地種田，開了這間雜貨店。

他說早年西瓜、花生、甘蔗價錢好，耕一兩甲地一家子生活就好過，日後兄弟分家，身為長兄的父親讓弟弟們選了地，自己承接陽春的店面，又在店後養了七、八十頭豬，撐起家計。他猶記得爸媽常凌晨兩點就起床準備殺豬，自家醃鹹豬肉、灌香腸來賣，旁邊還開起小碾米廠。

自日本時代起，鳳林聚居許多和他家一樣來墾荒的客家移民，而早在父親到來前，鳳林的大榮是日本官營「林田移民村」所在地，如今店對面一棟漆成藍皮的木造屋舍，即當時「林田尋常高等小學校」（今大榮國小）的教師宿舍，日本人留下來的林田圳其中一條分支，正流過他家門前。

阿煌伯指著門前馬路說這就是以前的水圳，進店前得先踏過一截便橋，而每當輪到別的圳灌溉、門前水圳停水時，小孩就興奮地拿桂竹當釣竿，蹲在大溝旁釣田雞。田園裡，做陀螺、糊風箏都是樂子，想吃糖沒得買，就挖幾口美國過期奶粉，「公所發給養豬戶當豬飼料，但大人聞著覺得香，捨不得餵豬，我們小孩嘴饞時都挖結塊的奶粉來吃。」

「以前人生活啊，哪像現在的小孩……。」農村普遍窮，他回想許多家裡更苦的，孩子小學畢業就送來店裡，拜託父親：「有欠囡仔工無？」（有欠童工嗎？）爸爸因此收過好幾個學徒，一來先考九九乘法，接著背「斤求兩」口訣（斤兩換算的口訣，一六二五，二一二五……，即一兩〇．六二五斤，兩兩〇．一二五斤，直到十六兩），學看秤子、用量仔（桿秤），他記得最後一任學徒是個大姊姊，爸爸還在世時，她每年都回來拜年。

早年物資缺乏，許多事仰賴人工，但人們反倒往來熱絡。例如進出貨，多由花蓮市的大廠外務人員搭火車到各鄉鎮「抄貨」——他們每到一個車站，就借輛腳踏車拜訪附近店家，把各店需要的商品數量抄寫在明信片上寄回公司，公司派人把貨送到各車站後，爸爸再騎著腳踏車或犁仔卡去鳳林車站領貨。當時不論花蓮馳名的「鹿標」醬油，或「天松」、「三劍」汽水，都是一打一打玻璃矸仔，用草繩綁好載回來。

04 貨品陳設自有一套承襲過往的規矩秩序。

鳳林匯聚各族群移民

雜貨店大門常開，就像花蓮吸納了各地移民，阿煌伯細數鳳林除了客家人、少數閩南人，還有戰後來台的外省老兵，與最早的住民阿美族，因此做生意的爸爸通客家話、閩南話，遇到阿美族人則講日文，也常有不識字的老人家收到外地兒子寄來的信，拿來請爸爸讀的。民國六十年左右他家牽了村裡第一支手搖電話，更成了厝邊借電話的所在，後來店裡又做郵政代辦、門外掛了支公共電話，延伸鄰里服務。

昔日的光景歷歷在目，但阿煌伯也不是沒想過出外，他年輕時在台北三重做印刷網版，約三十歲才順老父的意，帶著妻小回家接手。和父親一樣，他也是家中老大，雖不如上一代傳統威嚴，但從櫃台疊齊的報紙、排列工整的商品，仍可感覺他承襲的嚴謹作風，連談話都沒太多起伏，直到一輛紅色箱型車停靠

門口，他才從往事回到眼前，神情輕鬆地迎上前去。

送麵包的業務大哥跳下車，邊笑邊朝店裡大喊問候。他從宜蘭來回台東的送貨途中，只要經過阿煌伯的店，不管需不需要補貨，一定下車來開講，兩個男人誰也不讓誰地互虧，聊到暢快了，他再一個人開著夜車回家。比起做生意，他們更像是相聚的老朋友，雖然不再用明信片和腳踏車來回，卻有種依然得走遠遠的路來、面對面說話的老派人情。

傍晚，阿煌伯送走了老友，田間小路上只剩他的店還開著，門口的公共電話亮起暈黃的燈。這時再也沒有牽著孩子來借錢的鄰人，他搬把凳子坐在路邊，背脊挺得硬直，望著眼前的田野與那棟日式宿舍，與百年來的每個黃昏一樣，在人煙散去的時分，漸漸沒入夜色裡。

01

市街

為地方寫一本書

光復的人人商號

店家地點 花蓮 光復

創立時間 一九六〇年代（二〇一六年歇業）

「我常對別人自我介紹，我是光復鄉原住民，人家問『什麼族？』我就說不滿足！」八十歲的葉老闆說完，布滿皺紋的臉笑開了。但「原住民」稱號不是玩笑，他的確是當地人眼中最能講古的老住民，向附近店家探問哪家老店了解地方文史，便會有人帶你，「走走走，我們去找葉老闆。」

五十多年前，小夫妻勤勉度日，葉老闆在花蓮糖廠（光復糖廠）上班，太太一邊帶小孩一邊在家開店。雖然他說開店是「半休閒」，但近年門前冷清了，兩老還是一邊在田裡種檳榔、種甘蔗、種香蕉，閒不下來，做生意也充滿他們那個時代的作風，直接用麥克筆在香蕉皮上寫個數字，就是價錢。朋友來店裡，一定請幾根吃吃。

葉老闆熱切地說，店名取叫「人人」代表「為人人服務」，「我沒有懶惰過喔，熱心服務，地方上的事我都很清楚。」對他來說，記錄家鄉的歷史也是一種「服務」。他上過幾次報紙，被地方尊為耆老，最出名的是幾年前他自費出版一本光復鄉史《綠葉鄉土情》，從自己的家族、童年寫到光復鄉

01 讀過六年日本書的葉老闆，自印光復鄉地方誌《綠葉鄉土情》。

02 店面清淡，目前只賣些零星雜貨。

03 夫妻倆搬離糖廠宿舍，落腳在現今的兩層樓房。

的地域變遷、糖廠歷史、車站變革與太巴塱番屋介紹等，圖文並茂，整本書都是他畢生的研究分享。

族群交融與戰爭空襲的年代

葉老闆小學讀過六年日本書，會講日文、中文、閩南語和一點阿美族話，合起來就是光復的移民史。花蓮本是阿美族傳統領地，光復鄉內便有馬太鞍、太巴塱兩大部落，日本時代花蓮設立了多個移民村，除了日本人，也吸引不少桃竹苗一帶的台灣人來開墾，葉老闆就是幾個月大時全家從苗栗竹南搬遷到光復。

在這裡土生土長的他直說，花蓮因為族群匯聚，「是日本時代台灣文化水準最高的地方！」當時他家只差媽媽不會講日本話，所以「沒有資格變成國語家庭」，不然他將有個日本名字「葉山弘仁」，也會進入日本人和國語家庭小孩念的「大和尋常高等小學校」（今大進國小）。結果他讀的是被叫作「番仔學校」的光復國小，「學校分三班，漢人甲班，原住民乙班，丙班『雜草仔班』收比較鄉下或年紀大的學生。數學、國語漢人強，運動、音樂、勞作和相撲，原住民強。」

葉老闆交過不少日本朋友，和原住民也相熟。他說年輕時到西部，常有人不客氣問：「你們花蓮來的不都是『生番』？」「你們吃飯還是吃番藷？」他想起來還有氣：「他們講得很露骨，所以我故意說我的族是『不滿足』，給他們

光復鄉
大安村第十八鄰鄰長
本店依法不供應菸品予未滿18歲者
請家長勿託未成年子女購買
吸菸有害健康
戒菸專線0800-636363
未滿18歲不得吸菸
本場所不供應菸品
予未滿18歲者
禁止迫誘孕婦吸菸
永備電池
SYM
X PRO
高手125R
825-

消遣消遣。」

較葉老闆晚三年出生的葉太太，五歲時從虎尾搬來花蓮，卻對日本人有截然不同的印象，脫口而出日本人「蓋毋好」（很不好），「他們都吃好米，台灣人只能吃在來米，鹽巴還要配給，所以日本人要回家時，大家都很高興。」

她尤其忘不了八歲那年躲空襲，派出所和糖廠「霆水螺」（拉警報），她和鄰居三個小孩在路上走，飛機來了，路邊人家的防空壕不給她們躲，結果三顆五十公斤的炸彈炸下來，噴出來的風和土像颱風一樣，撲了她滿臉，差點被炸死的她「哭甲欲死，足恐怖！」那陣子戰鬥機每天來好幾次，她「驚甲袂吃飯」（嚇得吃不下飯），長達九個月。

糖廠興衰關係店家生意起落

葉太太國台語交雜，生動描述當年逃命情景，她也因戰事而輟學，小學沒畢業，後來嫁給被介紹來幫爸爸寫春聯、書生模樣的先生。雖然她說自己書讀不多，但葉老闆不停稱讚：「她會做年糕、做粿、改衣服，種田知道每一種菜怎麼防蟲，全都無師自通，很聰明。」

她不怕勞動，就怕打仗和窮，忍不住嘆以前多可憐，「阮媽媽生七个死去四个。」她說當年的嬰孩不僅常生病，餓死的都有，常有母奶不足又買不起奶粉的人，用「鷹仔牌牛奶膏」（鷹牌煉乳）加熱水充當奶水餵孩子，結果「腹肚

04 對地方發展瞭如指掌，葉老闆可謂是光復鄉的活歷史。

膨風死去」。戰後美援送奶粉，像麵粉一樣一袋一袋發到每戶家裡，她一樣印象很差，「喝了會拉肚子，我們都拿去餵豬。」

她不停念著「可憐可憐」，直到民國五十、六十年代，花蓮糖廠帶動周遭工商繁榮，人口漸多，她和先生從糖廠宿舍搬出來後，在這條街上買下兩層樓房開店。她回憶早年菸酒最好賣，米酒一天可賣一打以上，小夫妻終於漸漸豐飽了四個小孩和老父老母。

近十多年來農會和連鎖超市林立，店裡生意清淡，架上只剩零星不齊全的醬油、罐頭、洗衣粉等，說到民國九十一年花蓮糖廠停工她火氣又上來，「以前糖廠請很多阿美族人當臨時工，糖廠收掉他們沒工作，手上錢少了，來買東西也少了啊。」不只這裡，台灣各地糖廠一一停工，以前她跟糖廠包商批來的二砂也幾乎在市面上消失，現在超市只有進口的糖，她自己做菜都嫌，「台灣的二砂比較香，家裡做粿都用這個。」

如今糖廠轉型觀光，葉老闆工作過的廠房變成史蹟，傍著青山綠水，吸引遊客。而葉老闆坐在店門前早就不為了賣東西，他捧著那本自己印刷的鄉史，反覆說給人聽，八十年的記憶像沉積岩一樣層層疊在他的腦子裡，從日本時代所見的一切，到各族群的交流相會，他緩慢地說，午飯都涼了，而故事還長得說不完。

做討海人的生意

南方澳的興發商店

店家地點　宜蘭 蘇澳

創立時間　一九六五年

濕黏的海風混雜著柴油與風乾魚蝦的味道，一個黝黑的阿伯騎腳踏車經過興發商店前。「你今仔日無出海？」阿牙問，阿伯微笑點頭，繼續緩緩往前騎。隔壁阿桑拄著傘散步過來，阿牙不必問買什麼，她知道老鄰居只是來看看她，畢竟她半年前曾昏迷送醫，躺了九天才從鬼門關前回來。

◇◇◇◇◇◇◇◇

在南方澳，如果不是討海，就是做討海人的生意。面港的南天宮金媽祖香火鼎盛，港邊密集的小吃店、海產餐廳人來人往，甫拖上岸的大網正在曝曬整理，載貨的卡車靈活穿梭在街道上，整個漁村從早到晚騷動騰騰，彷彿一艘不停運轉的大船。

港內第二排南安路，從路口鮮魚湯的攤子往下走，經過懷舊的照相館、理髮廳、電機行、乾貨鋪，直到一棟廢棄的製冰廠房前，就是阿牙的雜貨店。大家喊「阿嬤」的阿牙今年七十五歲，喜歡穿著大紅大花，每天撲粉抹口紅，頭髮給人吹得蓬蓬的，圓潤的臉上帶著笑。幾個男人採買完菸酒、牙膏毛巾，便閒坐門口喝點小酒，度過偶爾不在船上的日子。

01 一罐罐塑膠圓桶裡裝著各種色澤與滋味的傳統蜜餞。

02 勤奮一輩子的阿牙與先生阿聰。

外籍漁工來去，成時代地域特色

南方澳自日本時代開港，戰後又陸續闢建第二、第三漁港，漁船每天從海裡帶來豐沛漁獲和滾滾金流，吸引台灣各地人口湧入，酒家、茶室、冰果室林立，小小漁村裡甚至有三間大戲院。民國五十年代，阿牙和先生阿聰新婚後，也順著這股繁華的浪潮，離開務農的員山老家來到這裡，阿聰進了製冰廠，阿牙起初擺攤，後來在製冰廠對面開店，門前載冰的大卡車轟隆隆來來去去，她一點也不在意，「愈吵表示人愈濟（多），生理（生意）愈好！」

夫妻倆埋首賺錢，等養大五個孩子、孫子接連出生，來往的客人已不知不覺換成濃眉大眼的深膚色臉孔。阿牙口中來自東南亞的「外勞仔」是如今漁工主力，當地也多了不少嫁過來的新住民。

「阿嬤，莎莎亞？」兩個菲律賓大男生用帶點口音的中文問，阿牙很快從冰箱取出飲料，附送幾個免洗杯，喊聲：「撒必蘇！」（サービス，優待）搖手表示杯子不算錢，大男生會過意來，開心笑了。

不一會，又有個泰國漁工上門，用閩南語講「清緄仔」，邊搓了搓手示意，阿牙就知道了，掀開大桶子拿出一包鹽巴般的「明礬粉」給他。原來「緄仔」是當地延繩釣用的長釣線，出海回來後，漁工得花時間把混亂纏結的漁鉤、釣線整理好，魚蝦的黏液沾在手上洗不掉，都用礬來去除腥黏。

03 外籍漁工成為現今店裡的主要顧客之一。

曾兼多份工，賣麵包叭噗魚蛋

阿牙大字不認得幾個，買賣往來全憑老經驗。回想年輕時剛搬到南方澳，她一天要做好幾份工，天沒亮就在港口擺攤賣麵包，清晨返家洗衣做家事，接著趕出門賣冰，傍晚再回家煮飯，忙完躺下沒多久又得起床了，累到「連放尿攏咧盹龜！」（連尿尿都在打瞌睡！）

但只要有錢賺，再辛苦她也咬著牙。午夜時分船要出港前，她便匆匆提著木箱到岸邊擺攤，賣菸酒、麵包給將上船的漁民。黑矇矇的碼頭上，警察拿燈巡邏，強燈刺眼常氣得她火大嗆聲：「創啥！」（幹什麼！）誰能想到才沒多久前，這個鄉下來的姑娘還很害羞，人家靠近要買東西她竟扭頭就跑；如今為了生計，她才顯出骨子

04 當年買下矮木樓改建開店，辛苦養大孩子。

裡的強悍。她個頭小卻氣力出盡，比如曾經為了讓員山老家的阿母嘗點海鮮，從南方澳扛了兩尾十多公斤的大魚上客運，回程又因為員山內城兵營賣的米便宜些，硬是拖好幾袋米回家，「真憨乎？」（真傻喔？）她無奈笑。

也或者是風浪打得人不得不堅強，她嘆道還有比她更苦的討海人，尤其近海「釣艚仔」的，早上出去，下午回來已成了屍體，「足恐怖！」那是當時南方澳特有、一艘大船載著十來個竹筏出海捕鯖魚和鰹魚的漁法，竹筏下了海，每艘只一人徒手拉魚線釣魚，設備簡陋，「風透就反過去矣。」（風大就翻過去了。）她在擺攤的碼頭常見整排「鯊魚」橫躺在地——當地人用鯊魚代稱屍體，指那被海吞噬的可憐人。

大清早做完漁民的生意，接下來若逢夏天她就賣冰，冬天改賣魚蛋。她回憶大熱天時，幾台叭噗車守在港邊，只要遊覽車一到她就快步推車衝上前，「八个人賣叭噗，我的生理上好（生意最好）！」她笑說不是因為跑得快，而是她賣的那間「涼意」冰果室的冰最好吃，營業至今的涼意現仍是觀光名店。她邊說邊懷念地找出當年挖冰的黃銅勺子，念起閩南語口訣「叭噗叭噗，無吃會 he-ku（痚呴，氣喘）」自己不禁笑出來。

冬天賣的魚蛋，則是跟魚商批來當地盛產的「花飛」（鯖魚）卵，抹鹽後白天日曬、晚上

05 南方澳辛勞工作著的船家與漁工。

冷藏，反覆兩三天，一樣推車嚕到遊覽車前招攬外地客。她回想那時她一天最多可賣六千塊的冰，而剝一公斤的蝦殼只能賺五塊錢，但她規定孩子每天凌晨三、四點起床剝蝦，每人剝完兩斤才能去上課，「爸媽足辛苦，囡仔嘛愛幫忙啊。」（爸媽很辛苦，小孩也要幫忙啊。）

漁村開店，有魚生意就好

熬過沒時間睡覺的苦日子，幾年後他們買下一間矮木房改建開店，以大兒子「興發」命名。早先一半店面給小女兒開美容院，女兒搬走後，擴大營業，吃的喝的、洗的用的，加上鉛筆作業本等文具，已是小百貨行的規模，勤奮的她還兼做飛虎（鬼頭刀）魚丸在店裡賣。

民國六十年後，南方澳成了捕鯖魚、鮪魚的大型圍網基地，極盛時有上百個船隊，店裡客人也川流不息。大人買東西聊天，小孩爭相玩打珠仔（打彈珠）、撇仔（尪仔仙）和流行的「鼠牛虎兔」十二生肖牌等。阿牙愈忙愈高興，只最氣自己因為不識字曾經「予人呼」（被人騙），有廠商業務作假帳誆她錢，不只一次被她識破揪出。但大多時候她腦袋好、心算快，背得起所有商品價錢。

先生阿聰退休後作伴顧店，阿聰巧手善收納，把店面打理得很美觀，至今門邊仍擺著二十幾桶傳統蜜餞糖果，筷子伸進去夾，分裝在小檳榔袋裡，賣的是懷舊。店裡冷凍庫依然常存著兒孫愛吃的花飛，阿牙手做魚丸的招牌也更大了。

牆上貼滿夫妻倆從年輕、開店到子孫圍繞的照片，阿聰又熱情地翻出家庭相簿，一頁頁介紹兒孫的成長，他說現在兩個兒子同住樓上，十二個孫子開枝散葉，他們都當上阿祖了。

這間店四十年來隨著漁業盛衰起落，「有魚生理就好，無魚生理就穤。」（有魚生意就好，沒魚生意就差。）這是在漁村開店的日常。阿牙去年因血壓問題陷入昏迷差點沒醒來，直說現在好命了，「若死去我會毋甘願！」（如果死掉我會不甘願！）最大心願是兒子能接班，兩老安心退休。

天色漸暗，岸邊的燈火點點映在漁港水面上，「我欲趕緊來煮飯啦。」阿牙邊說邊上樓去，屬於母親與阿嬤的晚上開始了，而下班後的兒子將接手看店，直到深夜拉下鐵門。

01

農村

日本神社 往事已遠

豐裡的宏興商號

店家地點　花蓮　壽豐

創立時間　一九六七年

「這幾年，很多日本人來村裡找親戚的遺骨。」秋子姨指向幾步路外的山丘，「那裡本來是神社，聽說埋了很多骨頭，放在罐子裡，後來被一個種菜的人挖到，葬到別的地方了。」

◇◇◇◇◇◇◇◇◇◇◇◇

宏興商號是村裡的老店，周遭的古蹟、農田、老樹，都是百年的。百年前，這裡是日本時代的豐田移民村，日本農民渡海來此開墾、落地生根，日本戰敗後，又風一陣似被遣送回去。

鐵皮屋頂的矮房子裡，小嬰仔被阿公阿嬤輪流抱著，對著客人咿咿呀呀。七十五歲的秋子姨和先生一起顧店，手上的孩子已是曾孫，掌櫃的她穿著花上衣，嗓門大，她忙著招呼、算錢時，老伴就專心逗嬰仔。

豐裡是過去豐田移民村的聚落中心，曾經建有診療所、小學校、派出所、神社等機關，然如今僅能從幾棟殘存的日本房舍和菸樓，遙想當年的光景。門外棋盤式的方整街路上，往來行人的對話已從日語改成客家和閩南話，秋子姨家便是日本時代花蓮發展菸業時，從西部搬遷來的大批客家人之一。

01 宏興商號所在的豐裡村，過去曾是日本豐田移民村。

02 秋子姨與先生一邊顧店一邊顧曾孫。

在養母家的雜貨店長大

秋子姨日治末年出生於隔壁的豐坪村新庄仔，她說爸爸以前幫日本人做事，關係不錯，日本戰敗撤退時，有個日本朋友便把房子留給爸爸。她還記得那間房子裡有拉來拉去的「障子」（しょうじ，紙拉門），樑柱全用卡榫、沒有一根釘子，「很穩喔，民國四十年的花蓮大地震都沒倒。」雖然住在日式房舍、出生時還被爸爸取了日本味的名字「秋子」，她卻從其他長輩口中聽來許多關於日本的壞印象：「他們很欺負台灣人，有的和這裡的女孩子生小孩，生完就不要了，自己回日本。」更切身的是，家族裡有個她沒見過的哥哥被日本人抓去南洋打仗，死掉了。

重男輕女的年代，可見家人的傷心。而她自己則是爸爸為了生兒子、娶了第二個太太後又生的眾女兒之一，媽媽在她三歲時病死了，爸爸把她「分」給獨身的養母——秋子姨解釋那不是「賣」、不是「童養媳」，是家裡女兒多的「分」給沒有生育的人家。

養母在豐裡國小對面開了一間雜貨店，她從小幫忙載貨，「很可憐喔！」她說以前媽媽批貨要去花蓮市，一次扛五、六包好重的貨坐火車回來，再請人騎腳踏車去車站接，「後來我學會騎腳踏車就去幫媽媽載，路上好暗，遠遠才有一支路燈，那時家裡也只點番仔油，大家都很窮啊。」

養母開店以外，還讓一批豐裡國小的單身老師在家「倶吃」（搭伙），每月收餐費，後來養母「挑中」裡面比較老實的一個跟她成親，她不到廿歲就生了

03 店裡貨物稱不上豐饒多樣，但老闆娘豪氣不減。

大兒子。夫妻倆一樣是客家人，卻來自天南地北，「話一樣，腔不同，婆婆講的客家話一開始我都聽不懂。」

秋子姨的先生來自廣東陸豐，小學時正逢國共內戰，時局亂，爸爸一九四八年帶著全家搬遷來台，落腳後山的鳳林。他在鳳林上初中，花蓮師範學校畢業後分發到豐裡國小，兩個原本相距千里的年輕人，就在這個小村結婚成家，過上一輩子。

守住自己的店最實在

成家後不久，秋子姨憑過去經驗熟練地開起自己的雜貨店，她說開店的這條街上原本是一望無際的田地，後來才漸漸有人聚居，蓋了成排像她家一樣的瓦房矮厝。一開始她只賣檳榔和飲料，一旁的老伴稱讚她：「那時大家賣檳榔都用紙隨便包，只有她想到用塑膠袋裝，客人覺得很衛生，傳開以後，大家都來

04 由裡而外的諸多角落細節，皆可見宏興商號所度過的年歲時光。

這邊買，生意愈做愈好。」

檳榔怎麼包，也是客人教的，「以前白灰厚，客人反應會咬嘴，我就慢慢改進；紅灰不咬嘴，但是對身體不好，現在不用了。」她熱絡地介紹花蓮在地檳榔從十一月採到三月，再來便往南收屏東、台東的，「屏東提前採收的檳榔比較小，就是人家說『幼齒的』。」以前生意最好時，光檳榔一天就能賣到兩千元，店裡也隨著客人要求，東西愈賣愈多，她為了買賣學會閩南話，「還拖著阿美族人教我日文。」

在日本語還統治著這塊地方時，這片花蓮的縱谷地帶蓋起了光復的糖廠、林田山的林場、鳳林與壽豐的菸樓，移民村裡密集住居著日本人。不過在這土生土長的秋子姨口中的歷史，不是什麼條列的年代、事件，而是她在當地遇見的各種族群，和奇異交融的建築。

比如村裡中日合璧的「碧蓮寺」原來是以前的日本神社，現在成了日式鳥居、石燈和中式石獅並列的廟宇；她幼時熟悉的日本房舍大多荒廢或拆盡了，除了她先生教書的豐裡國小，還保留以前「豐田尋常高等小學校」劍道館改成的小禮堂，老派出所近年則整修成壽豐鄉文史館。

比文史館更活生生存在現實生活中的，是她這幾年遇到來村裡尋根的日本人，多是灣生（在台出生的日人）後代，「他們去以前的墓園挖骨頭，但從來沒人挖到過。」她說來宛如一件再平常不過的事，也無特別好奇，或許對她而言，有了自己的家，守住自己的店，才是最實在的事，就像進門的客人不用開口，她就知道拿什麼，馬上遞到對方手裡，能幹精明得一如年輕時。

「金紙有無？」一個阿桑緩步走進來，東西不急著買，先往籐椅一坐，逗逗店裡的嬰仔。洋菸公司的年輕業務進門，自己點了點存貨，補好貨，跟秋子姨結帳，她帶著笑意嘮叨：「這個要補這麼多嗎？那個怎麼都沒有貨？」穿著襯衫的大男生想爭辯，她馬上拿起電話打到總公司，兩分鐘就要到了她想要的數量。

手上的嬰仔要喝奶了，秋子姨朝內扯了扯嗓子，喚了屋裡的誰泡奶。那種豪氣發落的架式，也依然是老闆娘的。

01

部落

風雨中 搖曳的燭光

卡拿崙的日新商店

店家地點　台東 太麻里

創立時間　一九七一年

台東和屏東接壤的壽卡山上，十幾歲的Hubee和部落年輕人在林班地工作，每趟入山好幾天，住在自己搭的工寮，任務是種樹。有時軍營的卡車經過，若看林班工人剛好工作結束，便順路載他們下山。Hubee就是這樣遇見開軍車的少年。

「反正是一見鍾情。我十七歲就結婚了。」已經當阿嬤的Hubee爽朗地說。

◇◇◇◇◇◇◇◇◇

週日的金崙火車站前，皮膚黝黑的年輕人在地上擺出幾簍火燒柑，開始叫賣。底部表皮宛如燒焦的火燒柑，愈黑愈甜，不少遊客慕名而來，年輕人指著前方的雜貨店：「那間的老闆娘、我媽媽種的。」

一群小朋友聚在日新商店前的馬路上嬉鬧，店門口的竹薑、火燒柑和當季蔬菜從木架堆到地上，鮮豔的蔬果搶走了風采，若不是那面大大的菸酒牌，這門面更像是間蔬果行，近來還因停車採買的遊客太多，造成路口交通打結，老闆娘Hubee的小兒子才把熱銷的農產品搬到車站前賣。

01 排灣族 Hubee（左三）與三兒子 Yama（左二）一家。

02 日新商店門前擺滿 Hubee 自種的農作物，宛如蔬果行。

03 車站前開著小發財販售釋迦的在地住民。

排灣女子的林班愛情故事

在高雄當軍人的三兒子 Yama 週末回家，抱著一雙幼女坐在櫃台邊，不經意透露了爸媽當年的林班愛情故事。Hubee 低著頭忙進忙出，正在搬紙箱的阿伯嘻嘻笑：「我是她的工人！」身手靈活的阿伯原來就是當年開軍車的少年情人。Yama 笑稱媽媽是女強人，「爸爸是她的員工，領她薪水。」Hubee 則橫著眉回應：「我不是女強人，是苦命人！」Yama 馬上替媽媽解釋：「我們排灣族比較內斂啦，我媽媽不像大家印象中的，以為原住民都很愛說笑。」

狹長的太麻里鄉坐擁美麗的東部海岸，排灣族語稱太麻里為「Tjavualji」，意指太陽照耀的肥沃之地，現在仍是許多人來跨年迎接第一道曙光的地方。位在金崙溪口的金崙部落族語叫「Kanadun」（卡拿崙），在這裡出生的 Hubee 從小生活窮困，跟大多數族人一樣當揹工，幫在山上種生薑、香茅的外省老兵負重上下山。

03

Hubee 剛嫁給同部落的軍人先生時，也窮得只能蓋簡陋的茅草屋住，五個孩子接連出生，她為了增加生計在家開店，用先生名取為「日新」。部落族人多在山坡地務農，每天天未亮便要徒步上山，所以她清晨四點就得開門賣自己做的饅頭、包子早餐，「沒開的話大家會在外面敲門。」

要賺錢就自己想辦法

早期她還賣甘蔗和刨冰，用米糠把冰塊蓋起來保冰，「要賺錢，就自己想辦法啊。」Hubee 說，開店後盤商漸漸找上門，店裡賣的東西豐富起來，她揹著孩子顧店，照樣上山耕作，隨季節輪種佛手瓜、洛神花、釋迦、橘子、地瓜和生薑等，孩子們上小學後便輪流幫忙顧店，Yama 笑說：「所以我們算術都滿好的。」

軍人爸爸常不在家，媽媽日夜忙碌，小兄弟姊妹看在眼裡，國中起就打工，畢業後多擔任軍警。父母多忙於工作的部落裡，教會則像是照顧所有人的大家庭，Hubee 幼時就常去教會領麵粉，Yama 從小隨父母信基督教，雖然店裡賣菸酒，「但都會勸族人少喝點，對比較有需要的人，會跟他們講來信耶穌。」

現在六十多歲的 Hubee 還是每天上山幹活，先生退役後又開了二十年客運，退休了相伴顧店。週六全家一起上教堂，週日則是外地兒女回家的日子，小店裡更顯熱鬧擁擠了。

04 店裡賣的多是給在地人方便的生活必需品。

比起聞名的太麻里金針山，或有著臨海美景的多良車站，卡拿崙部落相對僻靜，直到十多年前金崙溪沿岸開發溫泉，才蓋起一間間觀光飯店，部落裡多了商機，便利商店跟著進駐，但因名氣遠不如知本溫泉，還保有幾分清幽。

Yama坦言族人不擅投資，相較於觀光帶來的收益，老人家更喜歡平淡的生活，深怕好山好水被破壞，因此當初開發時，部落長輩曾群起抗議。他這代年輕人則立場持平些，「主要反對大財團投資，不希望變成知本那樣。」在族人的共識和維護下，當地少有奢華的集團飯店，「這裡較大型的飯店都是當地漢人開的，大家比較熟悉，互動多，比如他們會宣傳我們的農產品、也願意提供工作機會給當地人。」部落人口不減反增，現在卡拿崙的排灣族人有一千多人，三代同堂很常見，而且幼稚園的小孩就得學母語，再加上觀光發展得晚，保存原民文化的意識因此得以趕上。

在颱風肆虐下點亮一盞燭光

雖然大馬路上的便利商店只離幾步遠，Hubee的店仍生意興隆，「年輕人會去便利商店吹冷氣、上網，但老人家喜歡來這裡，小孩也會來買糖，因為一顆一塊錢，在路上撿到銅板就能買。」何況他們還給人賒帳，Yama算過，過去沒收回的帳大概有十幾萬，「媽媽不會去討，畢竟欠錢的人家經濟不太好，就當做好事吧。」

開店賺不了大錢，他說家裡收入主要來自媽媽自產自銷的農作物，「以前我在城市看到滿街的全家、7－11，也不懂家裡為什麼要繼續開雜貨店，到這年紀我才知道，不是為了賺錢，最重要的其實是部落的人情，做這麼久了，都是靠這個在支撐的。」

因此兄弟們轉而支持家中老店，兩年前討論決定由未婚的小弟回家幫忙，分擔較粗重的耕種、送貨工作。然而，新的分工剛安頓好沒多久，二〇一六年夏天接連幾個颱風橫掃，尤其七月強颱尼伯特在太麻里登陸，狂風暴雨席捲海岸線上的村落，電視新聞裡的太麻里滿目瘡痍，Yama回想當時：「幸好房子沒事，但停電停好久，店裡冰箱的東西都壞了。」

在路樹橫倒、門窗俱裂的風災中，Hubee居然點蠟燭照常營業，Yama一副

05 依隨道路往前延展的排灣族彩繪。

理所當然：「我們家不可以關店的，不然居民買不到必需品、沒東西吃怎麼辦？晚上也有客人自己端著蠟燭走過來買東西。」他說媽媽開店到現在四十多年，除了週六上教堂，一天都沒有休息過。

05

燭光搖曳地度過停電的一個多禮拜，但最讓Hubee傷心的是，山上整整一甲地的火燒柑果樹被連根拔起，毀了三十多年的心血。颱風後的那年冬天火燒柑泡湯，兄弟們幫著整地，種下新的樹，期盼今年年底能順利收成。

黃昏後，「金崙溫泉」的霓虹燈在幾棟飯店建築上閃爍，和成排路樹與國小牆上的排灣族彩繪，漸漸交織在一起。然而屬於部落的，依然是部落的，只要山還在，Hubee就會繼續勞動，就像她的雜貨店沒想過關門，這間在颱風夜裡點亮蠟燭的老店，也是部落人最熟悉的倚靠。

01

部落

部落門前的大鍋肉

澳花的伊凡商店

店家地點　宜蘭 南澳

創立時間　一九八〇年代

「便利商店不可能開在部落裡，為什麼，因為我們部落的人如果喝了酒，會跑去那邊休息，一整天，對不對？哈哈哈……」胖胖的伊凡一開口，就讓人笑個不停。今天是他開砂石車的休息日，坐在媽媽的雜貨店門前，他和妻小、爸媽、表哥、妹妹妹夫等一大家子，圍著一鍋柴燒的羊肉爐，從天亮吃到天黑。

這只是平常的一天，雖然沒有人喝酒，但熱鬧的場面卻像是過年。

◇◇◇◇◇◇◇◇◇

澳花是南澳鄉最南端的一個村，三面環山，與花蓮僅一河之隔，電影《賽德克．巴萊》裡飾演年輕莫那．魯道的大慶，就住在伊凡指過去的另一間屋子裡，一家人七嘴八舌回憶著當年導演到部落裡試鏡找人的場景。

伊凡的媽媽喜將（Sicyang Yumus Isaw）用大兒子的名字為雜貨店命名，從店裡走出來的伊凡年輕力壯，他聊起前幾天豪雨，蘇花路斷，一群砂石車司機就地在公路上過夜的情景，「之前我們都在車子裡互按喇叭打招呼，好久了，那天才第一次見面，

01 喜將有著泰雅族深邃的眉眼輪廓。

02 店前一鍋羊肉爐，展現了隨興富情味的生活調子。

03 喜將與她的孫子女們。

很高興耶！」在他口中悲劇都能變喜劇，「我就是愛開玩笑，不要介意啦！」說完他眼睛又笑得瞇起來。

從山頭逐獵，到擁有日本名與漢名

幽默樂天的伊凡已是兩個孩子的爸，但在媽媽眼底下還像個頑皮的大孩子，被問到正經事，他馬上尊敬又依賴地說：「問我媽媽，她都知道。」

03

媽媽喜將腳趿拖鞋從店對面的家裡走過來，正準備加入炊煙滾滾的圍爐。她有更典型泰雅族人的濃眉大眼，但一開口卻是中文夾雜流利的日文，族語呢？「不太會講，最近才在學。」

她一邊夾肉，一邊講起《賽德克．巴萊》那個年代的故事，她家部落在日本人到來之前，原本在南湖大山過著逐獵生活，後來被日本政府強遷下山，爸爸跟著祖父母搬了整

04 有點空盪的店裡擺著尋常的菸酒餅乾等商品。

整七次家，才落腳在山下的澳花。這時族人被迫講日語，她爸爸也有了日本姓氏「中村」，國民政府後全家改姓「仲」。

日本時代爸爸還打獵，媽媽在田裡種地瓜、玉米、水稻、小米、芋頭等，大家總是輪工到各家耕種，煮了什麼也大家一起吃。戰後出生的她雖有中文名「仲愛嬌」，但家族裡習慣叫她日文小名「喜將」，她從小和爸媽用日文溝通，族語只會聽不會說。她兒子伊凡聽到族語的機會更少了，倒是在桌邊跑來跑去的孫子們，因為近年小學加強母語教學，反而是泰雅語說得最好的一代了。

露天的羊肉爐旁不時有鄰居走過，喜將揚起手招呼，若年紀相仿，脫口而出的都是日語，此起彼落迴盪著東洋異國之調。儘管日本人徹底改變了他們部落，但喜將說爸爸以前只告訴他們：「日本人的教育和工作態度很好，不好的是高壓統治和禁止母語。」

三十多年前，媽媽開了小吃店兼卡拉ＯＫ，年紀大後由她接手，把小吃店改成雜貨店。鐵皮搭起的大屋子裡有點空蕩，只賣些和一般商店無異的餅乾、飲料、菸酒等，「方便」部落的人，「不是便利商店買不到，是這裡可以賒帳啦。」伊凡翻出媽媽記帳的筆記本，「看都是自己村裡人嘛，有時候人家欠一下，可以，可以啦。」記帳是月結，手頭緊還能分期，他笑說，這就是目前便利商店很難開進各部落的原因。

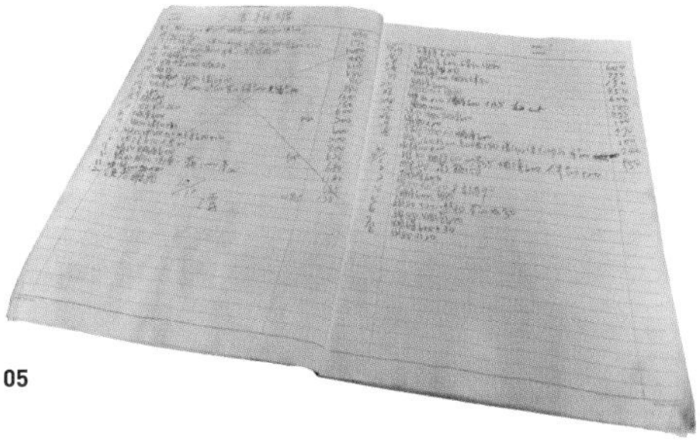

05

05 攤開筆記本，是一筆筆「方便」鄰里族人的簡單賒帳紀錄。

掛心復原文化，把楓樹種回來

澳花村分上部落、下部落、漢本，現聚居泰雅族人和少數漢人，喜將回憶以前景氣好時，村裡共五間雜貨店，現在店裡收入差不多只夠打平水電和生活開銷。其實比起當老闆娘，她更喜歡讀書，從小志願是當老師，但家裡無法負擔她上大學，她羅東高中畢業後考上伙食免費、基督教芥菜種會在花蓮辦的護理班，結業後在宜蘭的醫院工作，和本是部落小學同學的先生結婚後，回到澳花。

雖然沒當成老師，但這幾年她參加農委會水保局在部落辦的「農村再生班」，五十多歲又重新當起認真的學生，跟著訪問耆老、做部落地圖，燃起尋根意識，也對原住民身分自覺。比如她想起小時候在羅東讀小學，常被同學叫「番仔」、「烏肉雞」，「雖然也有漢人同學對我很好，會分便當菜給我們幾個原住民同學吃，但我還是沒辦法釋懷，很受傷。」

現在她常心心念念「保存文化」，參與母語復原，部落教會裡讀經、唱詩歌都用母語了，她才知「澳花」泰雅語叫「Qalang-Rgayung」，意指「楓樹的部落」，因過去遍地都是楓樹，後來被日本政府砍光，近來部落正在推動「把楓樹種回來」。

在楓林夾道繽紛的年代，部落裡的住屋還是一棟棟竹子搭建的茅草屋，廚房建在邊間，茅廁蓋在外面，喜將回憶她小時候就睡在這種房子的竹子床上，每隔幾年誰家換屋頂茅草時，全村都會去幫忙。

如今村裡大多改建成水泥樓房或鐵皮屋，她家的茅草屋後來改成木造，也已歷經風霜，加上幾次颱風摧殘，已顯得搖搖欲墜，但一家人捨不得拆便留作倉庫，偶爾有人打獵回來，屋前的空地就升起柴火，像今天一樣滾著熱騰騰的肉湯。

石礦廠帶來的機會與隱憂

但以前清澈的溪卻回不來了，喜將指著村子那一頭的楓溪，和上游的澳花瀑布說，她小時候溪裡有魚有蝦有毛蟹，梅雨季時毛蟹多到路上都看得見，後來

06 往澳花途中美麗的海岸。

石礦公司長年傾倒廢土，堆高河道，水漸漸沒了，毛蟹也消失了。石礦公司開採澳花的礦產白雲石，一度是當地興盛產業，在旁喝著湯的喜將先生便曾是石礦廠員工，一九八〇年代某坑道口發生崩塌意外，他才轉行去蓋橋，現在在和平火力發電廠工作。

過去村民多在石礦廠謀生，近年因為蘇花改興建，砂石量需求大增，村民八成都改去開砂石車，喜將說，現在大家知道石礦開採會造成土石流、生態破壞，都希望僅剩的最後一家石礦公司停工。那蘇花改呢？她明亮的眼睛在夜色裡閃了閃，這是她思考多年的問題，「當然有得有失，讓就醫、就學、就業更便利，但也造成生態破壞。」至於部落的未來，她很篤定：「要走生態觀光的路線。」美麗的溪流沒了，休耕的土地如果沒有繼續耕作，國家也會收回去，所以現在部落鼓勵在山坡地造林、種香菇。她像宣示一般說：「自己的部落還是要關心，尋找未來的走向，我們希望孩子出去讀書，將來都能回部落服務。」

夜深了，還聊得酣暢，伊凡又轉身進屋拿出冰箱裡的飛鼠肉，切一切下鍋，醬油炒香、米酒一灑，三杯口味的飛鼠肉隨即端上桌，黑硬的肉咬下，嘴裡還嘗得到粗粗的毛……。這就是屬於部落裡的泰雅風味，和傳統醃肉一樣，就連不愛做菜的喜將，說起醃肉都簡單熟練。她解釋這裡和桃園一帶的泰雅族作法不同，「他們用煮過的稻米、我們用煮過的小米來發酵，山豬、山羊或山羌肉用鹽醃漬過夜，隔天把小米煮到半熟，泡水放涼，然後瀝乾，拌進肉塊裡裝瓶裡密封，冬季七天、夏季四天，就可以吃了。」

春夏秋冬，四季流轉。澳花在下一個冬天來臨前，就會楓紅遍野了嗎？春天時，栽種在山坡上的樹會更高更密，長出滿滿的香菇嗎？無論如何，至少伊凡家前的大爐子，每到冬季都會繼續滾著暖暖的湯，大門敞開的雜貨店，也依然迎接著各地的人吧。

01

部落

有媽媽在的台11線

重安的廣雄商號

店家地點　台東 成功

創立時間　一九八〇年代

「我是民國六十二年四月十五號離開成功的。」

說到這，阿雄突然喉頭一緊，久久說不出話來。他把眼神移開，彷彿可以看見十五歲的自己，站在村子口，心裡暗自與家鄉道別。

阿雄當過職業軍人、紡織廠工人、營造工人，有三個孩子。這樣一個快六十歲的男人，一說起媽媽，沒來由就紅了眼眶。

成功鎮綿長的海岸線上分布著十多個阿美族部落，依傍著湛藍的太平洋，天天吹拂海風，聽聞浪濤聲。重安部落入口就在台11線海岸公路上，從小岔路緩緩上坡，兩旁低矮住家間穿插著教會、天主堂與幾間商店，其中最顯眼的就是阿雄的雜貨店，鐵皮外牆繪滿藍底大花，門口趴著一隻懶洋洋的土狗。

兩個小女生結伴走進店裡，被櫃台柔聲問住：「作業寫完沒啊？」店內燈光昏暗，櫃台後的女孩一出聲，整個人影才從黯淡的背景裡浮現出來。小女生湊到她桌前談笑，原來女孩是國小老師，放寒假時幫忙顧店，平日則由爸爸坐鎮，年邁的奶奶正躺在店內小房間休息。

01 回鄉接店的阿雄與擔任國小代課老師的女兒。

02 廣雄商號鐵皮外牆繪滿斑斕的藍底花卉圖案。

「我是阿嬤帶大的，阿嬤年紀大了，不想讓她一個人。」女孩說，五年前她大學畢業就回來陪奶奶，填了附近小學代課老師的缺。她說話慢慢柔柔的，不到三十歲的年紀，別人是剛要出社會的新鮮人，她卻安定得像是落葉歸根了。

從廣東蕉嶺來到台灣東海岸

理著平頭的爸爸阿雄坐在門外板凳默默抽菸，被問了什麼，大多靦腆一笑：「問我女兒。」附近居民來買東西，他用日語或阿美族語流利應答，「從小住這裡，自然就會講了。」重安部落一百多戶都是阿美族人，僅六、七戶平地人，包括阿雄家。他爸爸來自廣東蕉嶺，一九四九年跟著當將軍的哥哥來台；媽媽出身屏東恆春，婚後兩人搬到這附近山上幫人「顧山」（類似當佃農）。

「山裡只有我們一戶人家，自己種番藷、南瓜和菜來吃，也種點香茅榨油賺錢。」阿雄說，小學時他每天要走一小時路下山，「到學校制服都髒了，老師會不高興。」為了不讓孩子被老師罵，媽媽決定搬到山下的重安部落，爸媽做工賺錢，身為長子的他國中畢業就離家念軍校，「家裡很窮，爸媽很辛苦，所以從小我沒有調皮的機會。」

窮困童年少有的快樂回憶，就是還住山上時幫大人跑腿到山下買東西，「爸爸常派我拿空瓶子去雜貨店裝太白酒回來，他會多給我五毛錢買零食，我就一邊拎著酒瓶，一邊含著柑仔糖或冰棒走回家。」

他記得最常去的那間山腳下雜貨店，共轉手過三任平地人老闆，三十多年前，當時的老闆想頂讓，剛好媽媽年紀大了無法做工，便湊錢頂下來。沒想到繞了一圈，現在他也回到這間他童年最愛的小店裡，賣糖給小孩了。

他細數當時媽媽頂店的資金多是他在軍隊存下來的錢，「訓練中心一個月的薪水兩百四十元，士官學校時八百元，下部隊有一千八，我就存下一千五給家裡。」阿雄沒說幾句話就沉默半晌，但離家的日期、每月的薪水，他一開口就能背出來，彷彿要透過這些數字，把當年生活的辛苦給記得牢牢的。

他猶記得剛下部隊到新竹樂山雷達站時，「回家的路好遠」，得千里迢迢轉好幾次車才能回家，之後他又調派金門、馬公，當了十二年的兵後退伍。他不免想著沒退的話，如今退休金該有多少，「但媽媽怕我會去打仗，反正她開口，我就退了。」阿雄沒有描述過媽媽的樣子，但人生太多轉折都有媽媽的影子，「媽媽對我很重要。」他頓了頓，感覺再多說什麼，鼻頭又會酸了。

懷舊老店閒聊農事家常

婚後他住在桃園，幹過各種活，台灣紡織成衣業發達時，他在紡織廠做牛仔褲，後來又到磁磚釉料工廠，還做過工程營造，兩年前，他不到六十歲便提早退休回鄉陪媽媽，太太和另兩個孩子假日回台東團聚。

03 以紙箱堆疊成簡易貨架，有些小玩意兒就掛在屋樑上。

03

04 小黑板上用粉筆記著賒帳明細。

不過從都市回鄉，即使內向寡言的他一開始也覺枯燥，「還好這邊的族人都習慣來這裡買東西，鄉下雖然比較無聊，但人情味比較好。」每年七月中部落辦豐年祭時，家家戶戶分工辦桌、搭舞台，他也一定有分。

「阿雄！」來買東西的大叔進門大聲喊他，「今年柑仔袂紅啊。」（今年橘子不會紅了。）隨即聊起這個冬天雨下太多，橘子「抽汁」（果實過熟，汁液被抽回枝幹，變得乾癟不好吃）的現象；畢竟村裡除少數人在小港、石雨傘捕魚，大多務農，田裡的事就是店裡閒聊的家常。

而對阿雄來說，這便是回家的感覺吧，「我每天都會陪媽媽聊天，雖然房子很老也不想整修，算是懷舊吧。」他算算這房子的歷史有七十多年了，木頭樑柱還拴著日本時代的螺絲。牆上小黑板記著賒帳條目，日光燈稀微照亮店裡的商品，木桌上，他儉省地用紙

05 頗有年歲的老建物，仍保有當年日本建築工法。

箱擺放零食，貼著「塑膠玩具一包十元」字樣的紙板從頭頂垂降，最吸引小學生駐足。中午他在店面旁的廚房簡單煮食，爐上兩只鍋裡，方才的午餐還微溫。

大雨後，木頭房子更潮了，女孩走出來親暱地拍拍門邊的土狗，狗在她腳邊晃了幾圈，又自由地走了。她奶奶餵了多年的流浪貓，偶爾從牆角竄出四處嗅聞。畢竟這裡是老家，是媽媽在的家，「該怎麼做，就怎麼做。」阿雄只是這樣簡短訴說他的心情。

06 重安部落位居台11線旁。

05 雜貨考

好吃好玩的囝仔物

回想童年時的我們，都曾經站在雜貨店門口，捏著口袋裡的硬幣，盯著眼前的蜜餞糖果流口水；或者下課後，跟同學一起擠在店裡灌汽水、吹泡泡糖，收集更新的尪仔標，用一兩塊錢撕一張抽牌，看這次換到的是什麼玩具……。

雜貨店作為許多人的兒時回憶，除了菸酒基本、柴米油鹽必備，最重要的還有擄獲孩兒心的「囝仔物」（小孩子玩意）。各色零食玩具隨年代演進，流行的品項也洗牌過幾輪，有人回味傳統醃果乾，三、四年級世代的孩子則爭搶泡泡糖畫卡；黑松汽水一度稱霸飲料界，但塑膠袋裝冬瓜茶、插根吸管綁起袋子邊走邊喝，同樣大快人心。

◇糖果排排站，吃到舌頭都變色

「你們知道，零食的台語叫作『四秀仔』嗎？」曾有雜貨店老闆考我們。原來，以往多用四個分格的盒子盛裝糕仔，於是「四秀仔」成為當時糕餅、也是今日零食的代名詞。

01

02

而五、六年級生的老雜鄉愁中，最難忘的便是店內那座吸睛的糖果櫃，這種由十或二十來個玻璃方格組成的大型糖果櫃，每格填滿繽紛的餅乾、金柑糖、巧克力球、牙膏糖，或醃得大紅大黃吃到舌頭都變色的果乾蜜餞等，老闆可以從格子後方的圓洞打開取物，那坐擁零食山的「大後方」簡直是孩子心中的神仙寶地。

若沒有多寶格糖果櫃，店裡也會用排排站的透明圓桶存放零食，早期為玻璃罐配鋁蓋，現多為塑膠桶大紅蓋。零嘴從北到南貨色不一，各地的蜜餞更多不勝數，彰化員林、台南為蜜餞生產重鎮；萬里龜吼興角商店的老闆表示以前賣過烏梅泥做的「雞屎膏」，用紙包著挖來吃，名字嚇人卻廣受歡迎。

03

04

至於叫得出牌子的包裝零食，戰前得有錢人家才吃得起，如歷久不衰的黃色紙盒森永牛奶糖上世紀初問世，日本時代傳入台灣，根據陳柔縉《廣告表示》描述，一九二七年創辦人森永太一郎來台遊訪，號稱台灣賣森永產品的商店超過兩千家；此外，日治初期在台成立、設廠的新高製菓也出產糖果、巧克力和泡泡糖；現今大家熟悉的美國箭牌口香糖同在日本時代就登台。

不過直到戰後，國產的白雪公主泡泡糖一九五三年上市，才真正稱得上風靡全台，小朋友一邊嚼著口香糖吹出粉紅泡泡，一邊爭相收藏盒裡的精美畫片。這款熱賣二十多年的口香糖，竟是經營化工原料的華懋化工所研發，負責人吳枚還從上海流行的香菸畫片取得靈感，找來畫師金良知繪製中國四大古典名著的百位人物、附上文字簡介，不論武將關羽或豬八戒都生動鮮活，當時推出畫片集點換獎品，堪稱超商集點的始祖（雖然日本時

05

代就有煉乳等商品包裝內暗藏抽獎券，但遠不如此時盛行）。

普通人家若上雜貨店買伴手禮，價格合宜又體面的就屬泰康公司出產的金雞餅乾，四四方方的鐵盒繪有一隻大公雞，現已成復古藏品。

一九六九年乖乖開賣、一九七〇年王子麵上市，零食口味又翻新世代。乖乖首推包裝內附玩具，出過塑膠小汽車、貼紙和漫畫本等，有吃有玩額外享受；台灣第一包泡麵「生力麵」出現後兩年，針對小學生市場、可乾吃的香脆王子麵攻占雜貨店零食寶座，一包在手，往往沒幾分鐘就被分食搶光。

◇汽水沒得冰，照樣好開心

早年沒有冷藏設備，雜貨店賣的飲料多是自家熬煮的酸梅湯或冬瓜茶等，老一輩的回憶「彈珠汽水」則源於十九世紀末日本的「ラムネ」，這個外來語指的是檸檬碳酸飲料，日本時代傳入台灣、開始在地生產，後來才有拿掉彈珠的汽水，白露、白梅、大涼、三劍、華香等品牌輩出。

「古早無冰箱，汽水哪有冰的！」土庫豐村行的老闆說，以前汽水都放室溫涼涼地喝，真要消暑就吃礤冰（刨冰），不少雜貨店兼開刨冰店，街上冰塊行買來的大冰塊放在木箱裡、鋪上稻殼或米糠保冰，用鑄鐵製的手搖刨冰機，削出一碗碗讓人期待的冰涼。

一九五〇年黑松沙士上市是飲料界的里程碑，雖早在日本時代，黑松公司的前身進馨商會就生產富士牌汽水、三手牌彈珠汽水，但黑松「沙士」配方和口味有別，當時黑松為了推廣瓶裝飲料而改用瓶蓋圖案作商標，製成大型招牌讓商店懸掛，品牌形象深入人心。如今幾乎等同「可樂」的可口可樂則自一九五〇年代美援時代登台，起初僅供美國大兵享用，一九六八年可口可樂併購台灣的汽水公司，正式成立台灣可口可樂公司，逐漸席捲市場。

相較於現在琳琅滿目的包裝飲料，

早年清一色是玻璃瓶罐汽水，上貼的手繪質感「紙標」，因保存困難，現已成為懷舊象徵，可都是舊貨市場的稀寶。

◇一元抽玩具，歡樂童年小確幸

農業時代的古早童玩多就地取材，常見手工製的彈弓、竹蜻蜓、木製陀螺等，比如關西馬武督榮興商店的老闆回憶小時候沒錢買玩具，「夏天吃完吐掉的龍眼果核、秋天苦茶結的籽，都可以拿來當跳棋一樣，畫上格子一碰一碰地玩。」

日本時代的富家小孩或可把玩賽璐璐材質的洋娃娃，騎在錫或鐵製的馬背上歡笑，戰後鐵皮玩具盛行，一九六〇年代起台灣成玩具代工王國，玩具量產普及，雜貨店也跟著卡通《無敵鐵金剛》、《科學小飛俠》或布袋戲的流行走，恆春店家以前賣的戳戳樂，就有機會獲得鎮上出產、用米糠做偶頭的史豔文戲偶。

06

許多開在小學旁的雜貨店，光是孩子生意就忙不完，彈珠、紙製尪仔標（又叫圓牌）、塑膠的尪仔仙（又叫撇仔）都是店內基本款，抽號兌換玩具的抽抽樂（又叫抽牌仔、抽組）和玩具藏在紙盒裡的戳戳樂（又叫戳空仔），都是孩子們的小確幸。還有過年過節時少不了鞭炮助興，更有規模的店家則擺出彈珠台和夾娃娃機……。回顧童年，真不知如果少了雜貨店，我們的歡樂會褪色多少呢。

05

雜貨考｜圖錄

01 糖果櫃
02 糖果櫃背面
03 04 塑膠糖果圓罐
05 白雪公主泡泡糖（莊永明提供）
06 各式玩具

輯六——6

拜訪北濱

新北・基隆

磨石坑的姚成商店——在雲霧與茶香間過日子

龜吼的興角商店——家在海的那一端

武丹坑的呂恆蕭號——鐵道邊的礦底人生

碼頭新村的郭記商店——山東大兵的港都憶往

雜貨考：老物最相思

01

山

在雲霧與茶香間過日子

磨石坑的姚成商店

店家地點　新北　石碇

創立時間　一九四〇年代

「在我們這邊，不用想太多啦，不用想城市的人怎麼過，城市的生活怎麼好，能過日子就好。」四十歲出頭的阿和雙手合握，坐在他最習慣的藤椅上，談起為何回鄉時，望向了門外。

不遠處，年邁的父親正站在陽光下，不時彎腰翻看鋪在竹篩裡的茶菁。

◇◇◇◇◇◇◇◇◇

端午節前後，是阿和八十歲的父親阿榮伯做茶最忙的日子，這時節產出的春茶以椪風茶（又稱東方美人茶）為主，阿榮伯的椪風茶名聞當地，得過十多次石碇區、甚至新北市優良茶比賽特等獎，店內客廳掛滿了獎牌獎狀。

阿榮伯說祖上從福建安溪來，最早在山上種植染布用的大菁，當時石碇街上開了許多染坊，後來茶業鼎盛取代了染布業，他祖公那代開始種茶至今，一代代改良製茶技術，「現在大家都說我炒菁做出來的茶好喝，不苦不澀。」再過兩週就是送比賽的日子，屆時他會連續幾天待在廚房，用鍋子手工翻炒茶菁，再經揉捻、乾燥後做成新茶，全家一起捧杯試喝。炒菁的祕訣在哪？他笑笑說不上來。

01 第三代老闆阿和先前在城市從事過多種工作。

02 受便利商店與量販超市衝擊，目前店內以菸酒為大宗。

03 阿榮伯曾經歷徒步擔貨上下山的日子。

04 牆上掛滿參加茶比賽的獎牌獎狀。

用扁擔千里迢迢上下山割貨

世代種茶的人家，偶然開了店，緣於六十多年前阿榮伯的爸爸借錢給開雜貨店的朋友，後來朋友還不出錢，就把他的店頂讓給爸爸，他們家也從十八貢頭山區搬到店家所在的磨石坑。

豐田里舊名「磨石坑」，緣於這裡生產很好的石頭，可以磨刀、蓋房，隔壁豐田派出所的側牆就是以當地石頭所砌。阿榮伯說，這間雜貨店自日本時代就和派出所比鄰，他小時候常幫大人來店裡買鹽，「連醬油都買不起，都是自己家裡做一點。」

當時能吃上豬肉更稀奇，尤其戰末豬肉採配給制，養豬的能養幾隻、一戶能買多少豬肉都受嚴格規定，村裡殺了豬，「配豬肉」的地方就在這間店前，當時大家排隊領，都拜託「肥的給我」，「哪像現在人愛把肥肉挑掉。」他笑。

二十多歲分家時，三個哥哥把店分給排行小的他，「剛好兄弟間只有我太太會認字和算術。」阿榮伯說話和緩，比起店老闆更像個農夫。以前太太顧店，他大清早上山採茶

05 早期許多屋宇皆以磨石坑當地石材建造。

種田，要補貨的日子便下午兩點趕下山，搭公路局客運到台北迪化街「割貨」（批貨），糖、麵粉、餅乾等一一買足了，再坐車回石碇街上，用扁擔一步步挑回磨石坑，往往到家時，天都黑盡了。

公路局客運的車廂兩排長椅對坐，貨物可以放走道，扛重物難不倒阿榮伯，怨的是：「司機常說我帶太多東西，要多補一張半票或全票。」農家人儉省，一毛錢也捨不得多花，畢竟平時除了種田他還做臨時工砍木頭，「一個人自己鋸一棵樹，不用學，久了就變師父。」他回想民國五十年左右，一天工錢六十塊，每一分錢都是賣力賺來的。

除了伐木，石碇還發展礦業，磨石坑附近的礦坑開採較晚，阿榮伯年輕時也推過運煤台車，「沿著軌道推，下坡速度很快喔，不怕的人就站在車子裡一起滑下來。」這一處煤礦沒挖出成果，後來陸續收坑，遺留的軌道和機具日漸埋沒在荒煙蔓草中，成了阿和小時候最常和玩伴探險的地方。

小店沒個店招或牌子，跟公賣局登記的名字是用姓氏「姚」取的「姚成」。除了從台北批來的雜貨，公賣局的菸酒是店內基本品，補貨也方便些，只要從六公里外石碇街上的配銷所擔回來。阿榮伯說，戰後初期便宜的桶裝太白酒最好賣，他拿家裡桶子去抽，擔回店裡，瓶裝米酒普及後，則一打一打用繩子綁好擔回來，阿和佩服地說：「我爸個子這麼小，一次可以擔四打回來，連玻璃瓶總共一百斤耶，一天跑四趟。」

生活雜貨漸從貨架退位

這趟從石碇市區到磨石坑的山路，他走了大半輩子，直到山間鑿開了新路，可以行車，山上砍下的木頭、他們店裡的貨物才改請鐵牛車載運。這條蜿蜒山間的「碇坪路」從石碇一路爬高到磨石坑，到海拔約六百公尺的樹梅嶺高點後，往下直達坪林，沿途山巒連綿，雲海動人，被單車客譽為「北台最美公路」。

新路開在店後方，店的後門瞬間變前門，姚成店址也從原本的磨石坑改成碇坪路。開了路，交通便利了，隨之而來的是年邁村民希望外送的需求，阿榮伯沒學過開車也不會騎車，在外工作的阿和決定回家接手。

阿和做過電腦業務、廚師、建築營造等工作，回鄉十多年來，五、六坪大的小店除了外觀改建為水泥，陳列無太大變化，一口古老的灶捨不得拆，仍靜靜留在昏暗的角落。阿和與父親、兄弟一大家子，住在店隔壁的樓房裡。

放眼店內白鐵貨架上大半都是菸酒，其他日用雜貨因為量販店的價格優勢，已慢慢從架上退出。阿和說，菸酒價格是公定的，哪家店都一樣，利潤穩定，而且半山腰上這是唯一的商店，「方便附近的人晚上十點想抽個菸，不用跑到山下去買。」山坡上的華梵大學學生也常騎機車下山，跟居民一樣從後門鑽進來，熟門熟路。

現在豐田里剩四百多人，只有一間店卻也剛好，阿和坦率表示，連鎖超商來評估過，根本開不下去。正說著，他起身往架上拿了兩包菸，剛上門的客人甚至還沒來得及說要什麼。

加減賣茶維持店面經營

阿榮伯稱許兒子：「他比我聰明，做生意不用我教，進來的客人他一看就曉得你個性、你買了心裡有沒有高興。」現在客人大多打電話叫貨，阿和開著私家車最遠外送到雙溪，為拓展客源還兼送瓦斯，賺點瓦斯行的運費。

06 茶比賽前夕，店外正曬著阿榮伯自種自製的茶葉。

「以前的年代，過年前家家戶戶都做甜粿，光是二砂八十斤裝能賣出十包，現在能賣個兩斤就不錯了。」阿和說，所以只靠雜貨難維持，「茶葉加減賣，好讓店繼續開下去。」他東奔西跑送貨時，爸爸便留守顧店，「以前在山上做到腳軟，現在是店裡坐到腳軟。」對習慣勞動的阿榮伯來說，顧店反而更無奈些，「不像在山上，如果今天沒茶採，就四處走走看風景啊。」

說完，他踱步到門外端起竹盤，柔軟地用手腕的力量翻了翻萎凋中的茶菁，深深地聞了一下。這時節的清晨只要天氣好，阿和就會跟著父親一起去採茶，「春天夏天要勤勞一點，多做點茶，不然冬天冷，茶苗就不長了。」

他也輕輕捧起一把茶菁說，白一點的茶菁價格最好，較綠的就沒這麼好了，「阮爸教我的。」天上的雲逐漸聚攏起來，他感覺到風裡的水氣，不用抬頭看天便知：「快下雨了，等一下茶菁要收進去了！」而山間的日子，就在一日日的天陰天晴、雲雨霧風中度下去。

01

海

家在海的那一端

龜吼的興角商店

店家地點　新北　萬里

創立時間　一九六〇年代（二〇一八年歇業）

店裡，剛往生的阿婆身軀躺在平常擺貨架的地方，大家照常進進出出，開冰箱拿飲料，小朋友一進門便咚咚咚往內跑，到臨時移至廚房的架上找零食。

沒有人忌諱，因為鄰居們沒有人不認識阿婆，沒有人不是在她眼底下長大，送終時，店外的庭院擠滿了人。

「你們來晚了。」阿婆的媳婦小蘭說。

開設興角商店的阿婆曾謝花約一年前過世，靈桌還安靜靠在牆邊，照片下點了一圈蠟燭。進門一角是阿婆睡過的床，只用簾子分隔，以前生意上門時，她只要拉開簾子探個頭，就能招呼客人。

不在大路旁，也沒有招牌，興角商店隱身在巷子內家戶相連的透天厝之間，巷中有弄，還得拐個彎才找得到。漆在外頭水泥牆上的指標都斑駁了，陌生人走過這排房子前常會被多看兩眼，小店自然少有外人造訪，但它在鄰里間卻有無可取代的地位。

01 來自泰國美斯樂的小蘭是雲南孤軍後代。

02 辭世不久的阿婆的靈桌猶倚牆而立。

03 巷口「興角商店」的噴漆字樣已斑駁淡去。

婆婆一生勤懇身兼多工

阿婆走後，在附近餐廳上班的小蘭回家接手，鄰居依然常來走動，炎炎午後，隔壁大嬸陪小蘭在店裡閒坐納涼。

大嬸回想五十多前剛嫁來時，阿婆就在賣東西了，最早只在家裡擺張小桌子，後來才有店的規模，專賣小朋友愛的「囡仔物」，極盛時零食多達上百種，多是烏梅、橄欖、李子做成的蜜餞，擺在排排站的大罐子裡，一包一塊錢。

「伊做人古意，厝邊頭尾攏足佮意伊。」（她做人老實，左鄰右舍都很喜歡她。）大嬸強調了幾次阿婆的好人緣，小蘭則佩服婆婆能幹吃苦，公公早年在瑞芳當礦工時，店裡連挑竹簍到基隆補貨的勞力活，都是婆婆一肩扛起。

03

除了顧店，阿婆還常去「做小工」，當水泥師傅的助手搬運、攪拌水泥桶，也和漁村裡的婦女一樣去採石花，「婆婆很厲害，什麼裝備都沒有，就整個人潛到水裡翻開石頭找石花。」像今天這般即將入夏的暖陽天，就是曬石花的日子，紫紅色的石花鋪滿店前的空地，洗洗曬曬好幾回，直到轉成白色，婆婆便包裝好拿去賣，貼補家用。

漁村靠海吃飯，即使像公公這樣不是討海的人，也當過岸上「牽罟」的人手。

04 雞蛋拉麵、取名「大閘蟹」的餅乾是店內長銷品。

說到這，小蘭的先生以一種「你們都沒見過吧」的熱切口吻，描述這種人力拉網的漁法——通常傍晚時出船，一艘舢舨船上大約四個人划船、一個指揮、一個放網，船一邊繞一邊把網子放到海裡，圍好一大圈後，牽罟的人就站在沙岸上一起收網，至少十到二、三十個人分成兩排用力拉，「網子吃水再加上漁獲，網繩變得很重，」他生動地說，「不只拉魚也要拉海耶，扛得肩膀都會痛。」

到夜半時分，船紛紛靠岸，船家照比例把漁獲分給牽罟的人。爸爸回家後，媽媽便簡單煮個魚湯當消夜。他回憶以前好多魚，最常吃到煙仔（鰹魚）、做一夜干的硬尾仔（類竹莢魚的一種魚類）、做魚脯仔的白骨鐃仔等，現在漁獲量大概只剩十分之一。

04

見證北海岸漁村的興衰

他搖頭猛嘆，萬里在五十多歲的他眼中真是變化劇烈，住家外那片牽罟的沙灘，後來變成台北人熟悉的戲水勝地翡翠灣，三十年前為了翡翠灣開發案，村裡人都去抗議過，後來不了了之。

但對小時候的他來說，翡翠灣那片沙灘可是天黑後小孩絕對不敢去的地方，「沙地下埋了很多老兵，我真的看過白骨耶，很恐怖，後來為了蓋度假村才移到公墓去。」然而，從他家就能望見的希臘風造景度假村，如今也沒有當年的氣派了，藍白色拱門圓頂孤立岸上，飯店關閉整修，翡翠灣都已沒落多年。

直到近年龜吼漁港才又因官方推廣「萬里蟹」而翻紅，他幼時走過的鄉間小路成了每到假日就塞車的六線道馬路，港邊的餐廳、市集人聲鼎沸，這兩年螃蟹季時，小蘭便到市集的攤位打工叫賣。

05 興角商店藏身在連棟透天厝間，外人不易尋得。

舊日歲月如海潮遠去

先生談起許多萬里的往事連小蘭也沒聽過，因為她的娘家遠在海的另一端，泰國北部的美斯樂。她是雲南孤軍後代，十幾年前和台灣的先生相親認識，落腳在這個千里外的小漁村。談起自己，她一貫溫婉地說，以前家鄉很多人到台灣來，她國中畢業就透過仲介到南投、台中打過工，她家八個兄弟姊妹，其中一個妹妹也嫁到桃園。

說不上剛嫁來時有什麼不習慣，因為婆家開雜貨店，她每天坐在店裡自然和往來的客人熟稔，「鄉下地方很有人情味，鄰居都很好，我有什麼不懂的都會幫忙。」唯有最想念家鄉菜，比如木瓜雞、烤過再切片的涼拌豬頭皮、口味和台灣不一樣的豆腐乳，尤其家裡做的鹹豆漿撒上罌粟籽，她老是想得嘴饞，「反而這裡的蝦啊蟹啊，常吃都膩了。」她靦笑著說。

06 帶有鏽斑的菸酒牌洩露了老店的年齡與軌跡。

故鄉美斯樂是看不到海的，而今，小蘭已在海邊度過近二十年。婆婆走後，小店愈賣愈簡單，架上商品稀稀疏疏，彷彿跟著婆婆一起告別了上一個時代。她想著也許再出去上班吧，近年帶女兒回娘家，也感受到泰國的經濟好了，「家鄉年輕人有些在泰國帶團，有的去韓國、澳洲，不太來台灣了。」深深的海洋，搖擺著她的心心念念，上一波浪濤把她推向這裡，下一波又往哪裡去呢？答案，或許就在大海的盡頭吧。

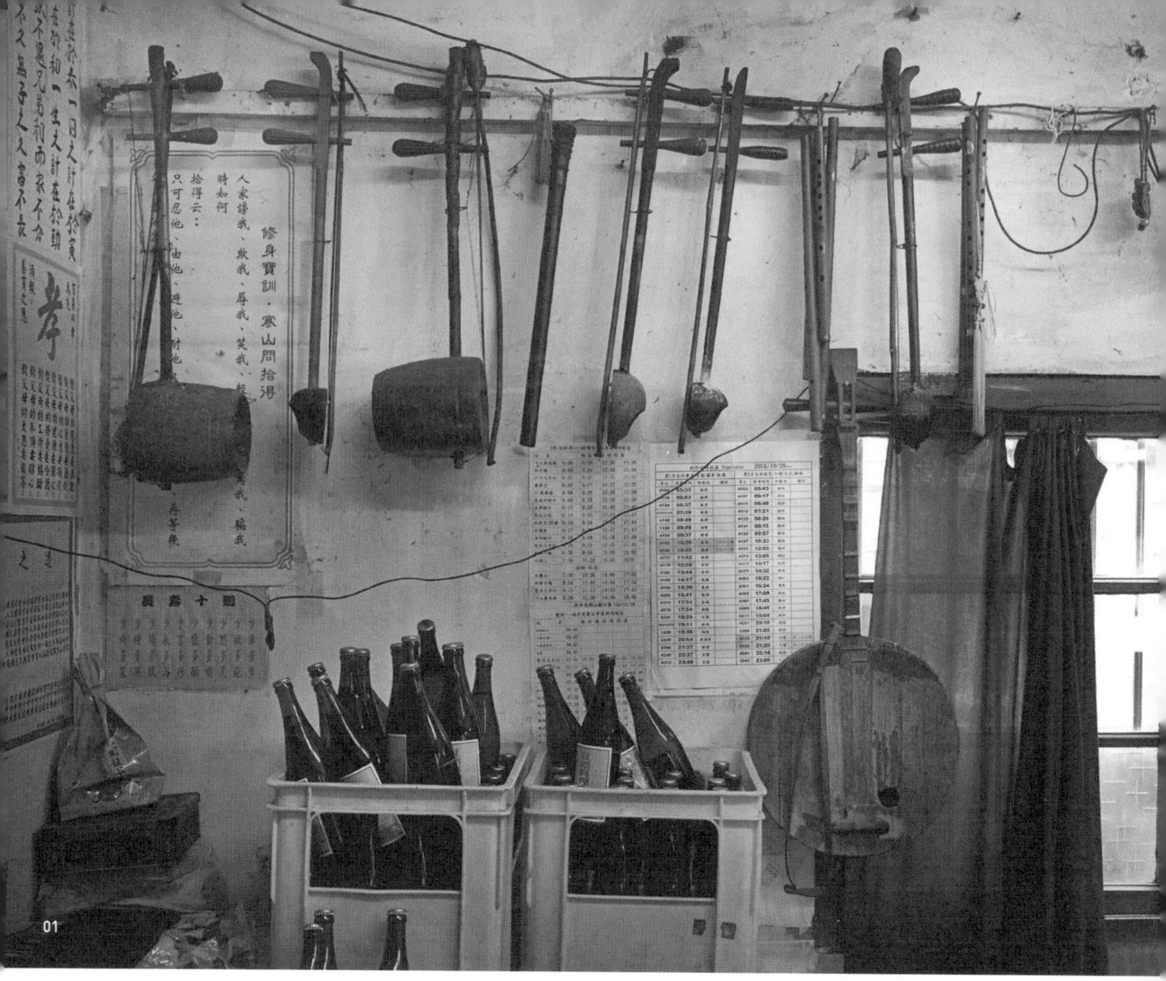
01

鐵道邊的礦底人生

武丹坑的呂恆蕭號

店家地點　新北 雙溪

創立時間　一九六〇年代

八十多歲的阿恆伯即使不出門，每天都打著領帶開店上工。「要穿得整整齊齊，這是禮貌，而且我隨時準備要走，我老婆過世兩年多，我等著跟她去。」牆上懸掛的二弦，自從喪妻後，他再也沒拉過。

小小的牡丹車站幽靜空蕩，往來花東與台北基隆間的快車在鐵軌上呼嘯而過，只有區間車會緩緩停靠。若非來尋訪古道的健行客，很少人會停留在這個沒落的礦村，也不會走進鐵道邊的牡丹老街。

老街沿著牡丹溪畔微往下坡，中間轉了個彎，曲折有致。沿街家戶的老人們多安坐室內，由外籍看護陪伴，門前一盆盆青蔥抽長，春天的孤挺花正盛開。往前走到底是一座「天公廟」慶雲宮，偌大的廟埕被曬得發燙，一個阿婆踱步到廟旁阿恆伯的店，其實沒什麼要買的，只是椅條上坐著，找話聊。

阿恆伯老後腳不能行，耳朵有些重聽，每天七點開門，往大桌後的椅子一靠，就坐鎮到中午，午休兩小時，再顧店到晚上九點。客人進門自己伸手拿菸、開冰箱取啤酒，再到桌前付錢，全不勞煩他走

01 阿恆伯的南管樂器在店牆上一字排開。

02 每天都打著領帶、準時開店落座的阿恆伯。

03 今日只有區間車會緩緩停靠牡丹。

動。架上貼著紅紙字條「多年好友相照顧」，來客不只照顧生意，也照看著老人家的不便。

曾是淘金造夢的熱鬧山城

剛穿過廟埕走來的阿婆是他大嫂，兩人老伴都過世了，剩下他們倆就像手足般互相照應。嫂嫂反倒年紀小，總是熱切招呼，每天來好幾趟看看阿恆伯吃午飯了沒、幫忙拉下午休的鐵門。聊起牡丹過去的事，她直說阿恆伯：「足聰明，足認真，逐日攏咧寫字（很聰明，很認真，每天都在寫字）。」

阿恆伯讀過三年日本書，打仗後就沒再上學了，他說自己從「做囡仔時」（小孩子時）就出外工作，先在炭窯燒焦炭，後來當礦工。民國五十多年開店時他還在挖礦，店交給爸媽和太太打理，沒有招牌，他用自己全

名「呂恆蕭」登記商號。

牡丹舊名武丹坑，自古為台北、宜蘭之間的「淡蘭古道」行經之地；這條綿亙北部山區的古道其實有多條路線，大抵是從今萬華沿基隆河而上，經過暖暖、瑞芳，翻過三貂嶺後到牡丹、雙溪、貢寮，接草嶺古道進入宜蘭。

日本時代積極發展礦業，武丹坑所在的台灣東北一帶成了淘金造夢之地，在阿恆伯出生前，武丹坑除了煤礦也產金，與瑞芳、金瓜石並稱「基隆三金山」。為了方便運輸礦產，輕便鐵道、鐵路接連開通，靠腳力行走的古道人跡漸杳，一九二二年三貂嶺隧道鑿山而過，隧道南口設立的武丹坑車站即今牡丹車站，兩年後宜蘭線全線通車，火車奔馳，也帶著牡丹迎向繁榮。

台灣東北的煤田不僅產量大，且屬可煉焦的油炭，戰後持續採礦熱潮並發展「煉焦」產業，礦場旁廣設炭窯，將煤炭燒製成煉鐵用的焦炭。阿恆伯說他阿公早年跟日本師傅學會燒焦炭的技術，傳給爸爸，而他十三歲就跟著爸爸去瑞芳、大武崙炭窯做工。他描述採出來的煤炭洗淨後，放進窯裡燒，數十個相連的炭窯他一人負責八個，一天四窯、第二天另四窯輪流顧。整天在窯口前忍受高溫，他眉頭都不皺一下：「那時有飯吃、有茶喝就很好了。」

當地出產的焦炭品質好，他彷彿跟著自豪：「最好的才能煉鐵，一噸能賣好幾千塊，較差的只能送到打鐵鋪。」焦炭經鐵路運往五堵的煉鋼廠，或在基隆港上船外銷日本，他憶及在五堵煉鋼廠見過的景象更是起勁：「鋼鐵燒得熱熱紅紅、抽出來拉成鐵線，跟做麵線一樣，看起來很好吃！」

後來傳統炭窯被工廠取代而沒落，他二十多歲時便跟多數村裡人一樣進「炭

04 玩具糖果穩占店前第一排，然後才是生活用品。

孔」（礦坑）去，到不遠的侯硐瑞三煤礦當礦工，沒日沒夜在坑裡討生活，遇過最嚴重的意外是下坑的車子拉線斷了，差點命喪地底。一九八四年九份煤山煤礦大火帶走一百多條人命，震驚全台，那年他五十歲，雖不在出事的地方，但飽受驚嚇的太太要他不要再做了，回家一起顧店，至少不用天天跟天公伯問死活。

相較於挖礦不見天日，他卻說開店「嘛無較輕鬆，仝款啦（一樣啦）。」開店頭十年，牡丹正繁榮鼎盛，街上人來人往很熱鬧，光牡丹國小便有幾千人，放學時廟埕滿滿是學生，聚在店前玩尪仔標、喝汽水，現在店裡的陳列依然是迎面先擺玩具、零食和糖果，後面兩排貨架才是日常雜貨。「以前是沒有學校讀，現在是學校沒有人讀。」阿恆伯說，「我小孩上學時教室還不夠，要一班早上來、一班下午來輪流念，哪像今年一年級只有兩個學生。」

後來礦業如夕陽沉底，紛紛封山收坑，牡丹隨之沒落，本來村裡有好幾間雜貨店，現僅剩兩家分居街頭和街尾。還來跟阿恆伯買東西的，幾乎都是他看著長大的，例如剛進門的一個大叔捏著幾張大鈔要來「換散票」（大鈔換小鈔），他從小熟悉店裡的一切，笑稱：「阿公攏足予阮方便。」（阿公都很給我們方便。）

語言、樂器、練字，學習能力強

窗口留著一面少見的「東引酒廠」指定經銷牌，阿恆伯說當時酒廠歸東引指揮部管，這塊牌得跟國防部申請，他因為認識一個開礦坑的退伍營長才拿得到，「台灣北區只我這間有！」他交友不分省籍，雖然沒在正規小學讀過中文，但他學會和誰在一起就講什麼話，「我在礦坑遇到外省礦工，跟山東人就說山東話、跟四川人說四川話。」還曾有人忍不住問：「你來台灣多久了？」當他是老鄉。

阿恆伯學習力強，雖幼年失學，後來居然在夜間部讀到碩士。牆上高掛的二弦、三弦、洞簫、笛子與琵琶等一排南管樂器，則是他少年時跟燒焦窯工人學

05 大幅醒目的勸世文都是阿恆伯親手寫下。

06 喜練字、愛唱歌，就在練習簿上手抄日文歌詞。

07 店前老闆自書的春聯、自有秩序的商品排列皆可看出呂恆蕭號的風格。

05

06

的。老後他喜歡跟太太在店裡練歌，一支專業麥克風立在桌前，牆上電視的卡拉OK伴唱帶沒停過，他伸出粗糙的手指，掃過小學生作業簿上抄寫整齊的中、日、閩南語歌詞，從〈港町十三番地〉到〈裡町人生〉，一頁頁、一本本都唱到熟透了。

喜愛練字的他還謄寫好幾首勸世文貼滿牆上，然而這些教人笑離煩惱、忍讓修行的詩文，遠不如他貼在門口自己抄寫的對聯：「往來盡是甘甜客，談笑應無拂逆人。」橫批「領取個中好滋味」。他滿意地點點頭，這才是他走過長長人生路，老來在店中所得出的最深體會吧。

領取
往來盡是甘甜客
早上七点開門
中午十二点休息
中午二点開門
GORMITI!

好滋味
204
TOYS

01

海

山東大兵的港都憶往

碼頭新村的郭記商店

店家地點 基隆 中山區

創立時間 一九七〇年代

高齡九十歲的馬老大坐在店裡，滿口濃濃的山東鄉音，講了又講他從十五歲加入反共游擊隊、之後跟著國民黨軍撤退來台的故事。被問到最想念家鄉什麼，「當兵的人沒有故鄉。」他總如此瀟灑作答。

所謂「槍砲一響，黃金萬兩」，那是好運，「不好的話，見你老娘。」白髮稀疏的他豪爽依舊，這順口溜讓人笑了出來，卻是他當年不知躲過多少槍砲，才換來的一句戲謔。

◇◇◇◇◇◇◇

曾經有過煤礦榮景、港邊夜夜笙歌的基隆，也是過往大陸軍民來台的第一個抵達之地。一九四九年初，整個山東已被共軍環伺，幾個月後國民黨棄守青島，少年馬老大跟著十萬大軍搭上從青島駛出的船隻，抵達基隆港。但還來不及上岸看清眼前，他所屬的三十二軍又隨即被調往海南島部署，一年後再度撤返基隆。

這次他記清楚了，「我在基隆二十八號碼頭下船，一開始住在鐵路邊的房子裡。」

01 離鄉背景、落腳小島港邊的馬老大與馬太太。

02 店內除了雜貨買賣，也是婆媽們話家常的所在。

青島少年靠強悍骨血活下來

馬老大菸一根接著一根，想起青島童年，除了外公的五畝菜園，便是打仗了。他在廟宇充當的教室裡讀完小學後，為了混口飯吃，跟著表哥的游擊隊去打「土八路」（共產黨軍），「那槍比我還高，但我不怕。」小孩兵要衣要糧，把大人的褲子扯短、腰間一綁就穿上身，路上跟老百姓要飯吃，沒得吃就餓，天黑了馬路上到處睡。

他口中所述盡是一幕幕震撼的景象，比如有時短兵相接，「趕快躺下來，把屍體搬到身上蓋住，能躲就躲。」或行軍到半路，「突然砰一聲砲彈響，走在旁邊的同伴撲倒地上，死了。」

當初國共選邊站，不是什麼深仇大恨，而是哪邊有得吃就去哪邊，「他們那一輩抗日，最恨的只有日本人。」人喊「馬媽媽」、馬老大的太太這段往事都聽熟了，心疼地說：「當時他年紀那麼小，其實半夜常常想家哭啊，長官就講故事、唱歌給他們聽，像是娘親一樣。」

在戰場上長大成人，沒有強悍的骨血活不下來，日後他成了朋友間的「馬老大」，這聲「老大」就來自那什麼都不怕的衝撞性格。

後來的軍旅生涯，馬老大從台灣頭走到台灣尾，包括兩度駐在金門，連綠島都去過，「我大流氓啊，品行不好，被送去。」他聲如洪鐘，面不改色地自述當年多火爆，看人不順眼就翻桌，跟長官敬禮手只舉到鼻孔旁，「長官問怎麼了，我說我手拉不上去！」他忍不住又把手一甩、目光斜視，表演不成體統的敬禮，他也自知這德行升不了官，三十五歲就申請退役。

他先在台中飯館包餃子，後來朋友介紹到基隆開卡車載煤礦，他又憑著開軍車的熟練經驗，第一名考取基隆市公車處司機。沒想到兜了一圈，他在最初抵台的這個霧濛港都成了家，現在身旁頻頻幫他補充故事細節的馬媽媽，讓他人生終於定了錨。

山東大兵與苗栗姑娘的結縭

兩人的相識，也是時代的相遇。馬老大扛著槍打過大半生，出身苗栗通霄的馬媽媽幼時隨父母從西部遷徙到此，經歷了基隆港從蓬勃起飛到沒落的過程。

基隆曾是台灣最大煤礦產地，清末巡撫劉銘傳在昔稱「雞籠」的基隆修築台灣第一條運煤鐵路，基隆港與淡水同為北部茶葉、樟腦、煤礦的重要通商口岸。日本時代展開築港計畫，基隆港蛻變成擁有齊整碼頭的現代化港口，戰後更在全球貨櫃海運航線中位居要角。馬媽媽的父親便在一九五〇年代追著這波繁榮的浪潮來到基隆，成為碼頭勞動身影的其中一員。

碼頭的裝卸從人工轉為機械化後，父親改開堆高機，此時一艘艘龐大的貨櫃船、鮮豔高聳的橋式起重機，和來回穿梭的貨櫃車，交織成港邊的熱絡景象。巨型探照燈不分晝夜地將碼頭上空照得通紅，極盛時基隆港有多達六千多名碼頭工人，密集的小吃店、卡拉ＯＫ店、茶店仔，與二十四小時輪班的工人們，

03 郭記位處沿地勢而建的港邊社區一隅。

把這裡打造成人們口中「紅透半邊天」的不夜城。

馬媽媽自己的少女時代，則時逢紡織輕工業發達，她出外到板橋的紡織廠當女工，幾年後回基隆，也該是找對象的年紀了。基隆本是台灣各地移民聚集地，戰後又有不少外省人，她看上眼前這個開公車的男人吃公家飯穩定，第一次約會與朋友們一起到大世界戲院看電影，馬老大笑說，「結果我睡到人家搖醒我，說散場了啦。」馬媽媽一點也不在意，「不知道原來他不愛看電影啦。」

馬媽媽二十來歲嫁給大她十五歲的馬老大，與旁人眼中脾氣硬的山東大兵結褵五十年，闔家興樂。「我們幾乎不會吵架，該讓的時候就讓。」她說，不懂文藝浪漫的馬老大個性直衝，公車開得飛快，連車掌小姐都怕他，朋友也懷疑她眼光，但她很篤定：「他們山東人脾氣大，可是做事認真有擔當，他結婚後是標準先生，幾點下班

04 牆上的小國旗突顯了馬老大的身世經歷。

就幾點回家，從來不亂跑。」

馬媽媽笑臉迎人地說：「入山愛看山勢，看人愛看人格。」她以這對句說明婚姻之道，放在做生意上也同理，「進門的客人我觀察他什麼個性，就知道要講什麼話。」

兩人婚後在健民社區買地蓋房，這個沿山坡而建的住宅區下方即西岸八號碼頭，原是戰後初期碼頭工會蓋給工人們居住的宿舍群，因此又稱「碼頭新村」。她說，馬老大不願她出門上班，「這間店是我為了綁住自己才開的。」個性活潑的她騰出住家一樓門廳賣餅乾糖果，用自己姓氏「郭」取名「郭記」。

碼頭榮景與港邊聚落的退散

夫妻倆住在社區上坡路第二個轉彎處，遠離港邊轟隆隆的車流呼嘯聲，和幾百戶碼頭工家庭比鄰而居，家家相連熟識，巷弄裡穿梭的孩子們全玩在一起，早期還有公用廚房、浴室，生活緊密。雖然當年的基隆燈紅酒綠，基隆人最早得見來自海外的舶來品、街上開起前衛的酒吧和咖啡館，碼頭工被描述成「賺到翻過去」，但馬媽媽說社區裡的人很樸實，半夜偶有下了工喝得醉醺醺的男人在門外晃盪，也跟其他社區沒什麼不同。

自己身為主婦，知道拖著小孩上菜市場麻煩，馬媽媽靈機一動在店前賣起菜來，馬老大每天凌晨三點先騎車載她到崁仔頂魚市、華三街批回魚、肉和青菜，七點她準備開店，馬老大趕去打卡上班，為了多賺一班五塊錢的加班費，一天開十幾個小時的公車。

極盛時社區裡五、六間雜貨店，各有各的主顧，主婦們愛來郭記，除了好買菜，馬媽媽親切又豁達，也是婆媽們傾吐家事的好對象。「我都跟人家說，婚姻就是看對方的優點，缺點不要記，不然怎麼走下去呢？」持家是那輩女人最重要的功課，她臉上蕩起笑意：「要抓住先生的性子，順著他走……。」話還沒說完，屋內揚起馬老大喚她的聲音，她急急迎進去，回應老夫依賴的召喚。

一九九九年基隆港棧埠作業民營化後，民間企業削價競爭，碼頭工的工資一落千丈，男人們被迫退休或返鄉，港邊聚落一個個被拆遷，曾經躍居全球第七大貨櫃港的基隆，再也回不去往日風華。社區裡住宅幾經易手，早沒有當年的碼頭氣氛，現在鄰里間多老人家，有時讓計程車載到上坡路口，店前的馬媽媽就順手攙扶老鄰居下車，「服務嘛，沒什麼。」

以前生意好到店還沒開就有客人在等門，現雖人潮散去，她安然以對：「我們年輕時累過了，現在這樣就好。」兩女兒家庭、事業都順利，她在店面旁客廳兼飯廳的起居室，滿足地說：「週末女兒、孫子全回來吃飯的話，這裡剛好十個人坐滿。」

生活平穩依舊，馬老大開了十一年公車後，轉作維修車輛技工，他海派朋友多，來店裡聊天的總也不散。退休後夫妻作伴顧店，香菸區都歸他管，現在馬媽媽唯一的煩惱是，下個月菸因新稅制而將大漲價，她叫的貨總是不夠。

05 俯瞰基隆港邊一景。

倏忽幾十年過去，基隆的海風和溼潤馬老大都習慣了，除了自己動手包餃子、做饅頭，馬媽媽煮的台灣味，他也吃得滿意。如常的一天，他靠坐在木椅上，爐子剛燒好的煎魚和炒菜正端出來，他插的中華民國小國旗，在飯桌上方不動不搖。這個家的氣味是如此濃烈，隨著風吹浪起，飄散遠傳，而終日細雨的基隆，今天出了個大太陽。

06 雜貨考

老物最相思

◇菸酒櫥‧掌櫃桌

在金屬架和鋁門窗刷新雜貨店的門面之前，老店所用的木造門窗與櫥櫃，搭築了上個時代的迷人韻味。早年木頭選材多為民間慣稱的Hinoki（台灣扁柏，又稱黃檜，與紅檜Benihi並稱為台灣檜木），檜木不受蟲蛀，許多店家從第一代保存至今，經年使用，呈現滑潤光澤，別具歷史感。

除了在牆上釘製簡單木架，更講究的則打造有底座、安上玻璃的玻璃櫥。在民藝品藏家眼中，菸酒櫥更是「玻璃櫥的王者」，往往迎門擺放，象徵店家的高檔格調。一般的菸酒櫥造型方正，最氣派的則有高低雙塔造型，四面玻璃具展示效果，木造或水泥磚石砌的底座再貼上白色磁磚，增添優雅。

掌櫃桌即今日的櫃台，是收銀、處理文書或店主安坐看報的地方，通常為一張附有抽屜的大木桌，有的桌上直接挖一孔洞投錢，保險又便利。

◇長板凳（椅條）

現今便利商店多闢有座位區，其實是復古作法，因雜貨店常就有供人閒坐的地方，店內外散放板凳、藤椅、躺椅、小學生課桌椅、甚至整座沙發等，用「來來來，內面坐」的方式迎客。

◇豬肉砧

許多雜貨店兼養豬、賣豬肉，店門口的肉砧每天清早跟市場一起開賣。早期豬肉砧台用水泥砌成，基座貼上磁磚，厚實的木頭台面即砧板，更精緻的，頂棚還有雕刻、彩繪畫板等裝飾。

◇酒桶・甕・鹽槽

早期舉凡酒、油、米、糖、鹽，都是店家大量批來秤重零賣，因此店內備有各式盛裝容器。其中，戰後初期公賣局的桶裝太白酒流行，店家多整桶領回、付空桶押金給公賣局，現早已停產，但很多老闆仍保存這款大木桶來改裝其他東西。花生油、沙拉油等油類，則用「鉛鉼」（一種鍍上鋅的鐵皮，以防鏽蝕）材質的桶子，向油車間分裝來賣。

客人帶自家容器來，用長柄勺子從大桶舀出酒或油後，倒扣裝進瓶罐碗盆，這動作閩南語稱「搭」（tah），「搭酒」、「搭油」（也做「打」）演變成買酒、買油之意。有的店家分大中小勺子，照各勺定價賣，或先秤客人帶來的空瓶重量，裝好後秤總重再扣掉瓶重。

早期儲米有木製米櫃，糖則多用陶甕存放，鹽由於不怕蟲蟻，店內會用水泥砌一座方形槽池、外皮貼上磁磚，用來儲放粗鹽。

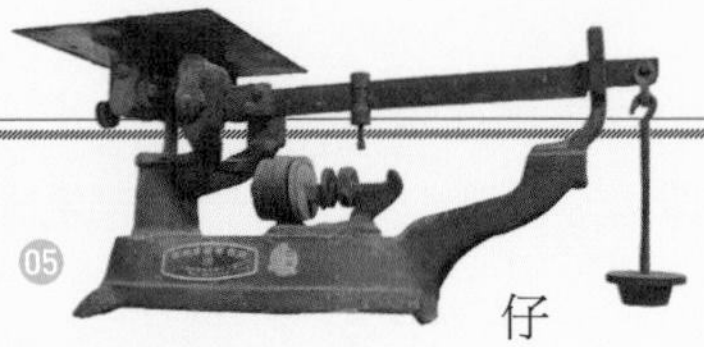
05

◇檯秤（磅仔）．小型桿秤（量仔）

在電子秤普及前，雜貨店必備一座放置桌上的檯秤，閩南語稱「磅仔」，刻度為公克公斤，附有秤錘，用來秤鹽、糖、魚乾等雜貨。

用手提起秤物的桿秤稱「量仔」，最大型的需兩人提起，用來秤大豬公、稻穀等重物，雜貨店常用的為小型桿秤，可秤無法放在檯秤上的物品。更小的桿秤稱「戥仔」，中藥行用來秤少量藥材。

06

07

◇算盤

老一輩老闆不用計算機、收銀機，仍慣用算盤。中式算盤有上一珠下四珠的一四珠算盤、上一珠下五珠的一五珠算盤等，店家常見為上二、下五的二五珠算盤，方便一斤十六兩的十六進制使用，又稱「斤兩算盤」。

◇帳簿

雜貨店讓人賒帳、甚至借錢給人應急，因此記帳工作攸關生意根基。帳簿有照年月時間序的「流水帳」，也有依人名分頁分冊，現代則多用活頁紙，方便汰換結清的舊帳。簡略些的，隨手拿日曆紙背面、或十包裝香菸盒拆開後的內面來記帳，或直接用粉筆記在小黑板、牆壁上。

08

早年店家記帳數字採「花碼」（或稱蘇州碼、台灣碼，源自中國民間的計數系統），較不容易竄改，我們在公館出礦坑的美和商店找到這種幾近絕跡的寫法。

數字：〇 一 二 三 四 五 六 七 八 九

花碼：〇 〡 〢 〣 〤 〥 〦 〧 〨 〩

◇綁酒瓶、糊紙袋

沒有塑膠袋的年代，如何把林林總總的東西包裝妥當、讓客人方便攜帶是門學問，「綁酒」就是開店必會的技能。玻璃瓶裝的米酒、啤酒、醬油等，用麻繩在瓶身和瓶口之間纏繞綁緊，有兩瓶、四瓶、半打、一打等各瓶數的綁法，手提或車載都牢靠方便。

鹽糖等零散食品，則用報紙或「紅毛塗紙」（紅毛塗為水泥，此指裝水泥的紙袋材質）自糊，或購買現成紙袋盛裝，有三角錐形或四方形袋。因買賣時連袋秤重，用紙愈薄愈輕的，被視為是公道店家。至於魚肉菜類，則用鹹草編成的草袋或厚大的葉片綑包。

09

◇腳踏車

開店的生財工具還有一項，即載貨的車輛。直到一九六〇年代前，腳踏車是最普及的家用交通工具，在石頭路上顛顛簸簸的載貨路途，是許多店主共同的回憶。若腳踏車載運不來，則用俗稱「犁仔卡」（リヤカー）的兩輪拖車。更早時期，則只能靠原始人力挑擔子。

台灣的腳踏車自日本時代引進，日語叫「自轉車」，閩南語稱「鐵馬」、「孔明車」，戰後又有「自行車」、「腳踏車」等說法。雜貨店載貨用的通常叫「武車」，貨架大車體重，與騎乘為主的「文車」區別；但隨地域不同，也有老闆稱「雙管的」（因車體有兩根橫槓）或「二八仔」（車輪為二十八英寸）。

腳踏車做短途接駁，長途交通工具則隨時代而演變。交通路網影響商品運輸的成本和時間，與商店的經營息息相關。日本時代起，台灣的陸運幹線由鐵路開始發展，一九〇八年完成縱貫鐵路為里程碑，之後宜蘭線、縱貫海線、花東線、屏東縣陸續完工，鐵路大站到各鄉鎮地區間的空白地帶，則由輕便鐵道和自動車道補足。

輕便鐵道泛指軌距較窄、車體輕、鋪設簡單的低成本鐵路，北部多為運煤所用的礦業鐵道、中南部以各糖廠延伸的糖業鐵道為主，也兼載客。自動車即汽車，自動車道指可行汽車的馬路，也是客運發展的基礎。

據我們訪談，戰後初期花東地區雜貨店補貨，多由花蓮市批發商運送到各地火車站，店家再用腳踏車載回。位於石碇山區的雜貨店到台北補貨，則得徒步下山到街上搭客運往返台北大稻埕，直到石碇市區與店家之間的縣道開通，才改用鐵牛車或小貨車載送。

◇特別收錄：廚房（灶跤）

廚房不在雜貨店的營業空間內，卻是重要的「大後方」，因絕大部分店家都與住家相連、結合，店面直通往內即家的灶跤，顧店時間長，吃飯時兩夫妻或一家子輪流進去扒幾口，簡單解決。就連家家戶戶團圓的年夜飯，「我們也捨不得吃！」許多老闆這麼說，因為過年是生意最好的時候。

這些和老雜貨店一起保留下來的灶跤，不論磁磚水槽、水泥地板、木質圓桌都充滿懷舊風情，而部落店家隨興在戶外架起柴火，也就是與鄰里共享的灶跤了。

10

06
雜貨考｜圖錄

01 菸酒櫥、掌櫃桌、長板凳
02 豬肉砧台
03 甕
04 鹽槽
05 檯秤
06 桿秤
07 算盤
08 用花碼記帳的帳簿
09 綁酒瓶
10 廚房

致謝

時間終於來到這一天。

回想這兩年，除了同行採訪的兩歲小兒長到四歲（已戒尿布，聽懂更多人話，謝天謝地），我也歷經了育嬰假、回報社、又離職的工作變動。跑了十年的出版新聞，訪過的作家上百位，摸過的書皮數以千計，自是明白成書之不易，然而書海中的一本書又是多麼微不足道。

過去許多年來，我因工作置身於都會文化圈，出版本書，卻像是回到十三年前、我擔任編採工作的第一份雜誌《少年台灣》。雖然我僅任職半年雜誌社就倒閉，後面幾個月還欠薪，但當時總編輯黃怡帶著我們做出未及付印的兩期「三芝」、「大稻埕」專輯，不折不扣就是《老雜時代》在做的事——離開書桌，離開台北，去看看路上的風景，找個人家聊聊天吃點水果，然後，再回到書桌前。我想，這本書是當初的種子，在今天萌芽了。

感謝《少年台灣》的黃怡，多位短暫共事但聯繫至今，變成「中年台灣」的朋友梅璇、思慧、彥彤（仙姑）、順聰，如今我們都還在文字的圈子，採訪、創作或當編輯，其中沒拿筆的一位結果成了我的另一半，催生了老雜尋訪計畫，他拿相機，我只好摸摸鼻子陪他行腳，寫完了這本書。更要感謝我在《中國時報》九年間的所有主管與同事，讓採訪報導之於我成為一項不斷琢磨的技能。

但第一次寫書，失去了過去報導體例的依循，我塗塗改改到好幾稿才拿定筆調、態度與距離，對老闆的描摹，或文史資料要走筆到哪、止於何處，每一句都是斟酌。一邊在紙上如推磨，一邊又掛念著雜貨店的消逝，至少此刻，我們訪過的一位九十高齡老闆娘已過世，一位出了車禍休養中，已歇業的約莫兩、三間。書只好未盡完美，也得出手了。

而本書能成為今日的樣子，感謝一路上我最強大的軍師與啦啦隊、好友柔縉，她甚至陪我們，或說是帶著我們完成出訪的第一間雜貨店。也必須感謝《中國時報》開卷前主編金蓮、月英，她們讀過初稿給了我關鍵性的修改意見，讓我又花了近乎整整一年重寫。

感謝第一時間支持我進行這個計畫的出版界朋友啟麟，我的請益對象瑞琳，給我諸多建議並邀稿刊登的名慶、佩佩。感謝許許多多被我叨煩、關心這件事的朋友們。

感謝出版本書的遠流台灣館，充滿熱誠的靜宜、昌瑜，尤其勞苦功高的主編昀臻，我們多年來從工作上的朋友、同事，到現在並肩完成這本書，這絕對是非比尋常的緣分。

最重要的是謝謝我們的父母和家人，給了我們一切，與最大的後盾。

Taiwan Style 78

老雜時代：

看見台灣老雜貨店的人情、風土與物產（人客來坐版）

文字｜林欣誼
攝影｜曾國祥

編輯製作｜台灣館
總 編 輯｜黃靜宜
執行主編｜蔡昀臻
封面設計｜ Bianco Tsai
版型設計｜ Liaoweigraphic
台語校讀｜鄭順聰
企　　劃｜叢昌瑜

發 行 人｜王榮文
出版發行｜遠流出版事業股份有限公司
地址｜ 104005 台北市中山北路一段 11 號 13 樓
電話｜（02）2571-0297
傳真｜（02）2571-0197
郵政劃撥｜ 0189456-1
著作權顧問｜蕭雄淋律師
2017 年 8 月 1 日　初版一刷
2022 年 3 月 1 日　新版一刷
定價 500 元

ISBN　978-957-32-9362-0
YLib 遠流博識網（logo）http://www.ylib.com　E-mail: ylib@ylib.com

老雜時代 / 林欣誼文字 ; 曾國祥攝影 . -- 二版 . -- 臺北市 : 遠流 , 2022.03
面；　公分 . -- (Taiwan style ; 78)
ISBN 978-957-32-9362-0(平裝)

1. 百貨商店 2. 商業史 3. 臺灣

489.8　　110018393